U0277777

图 灵 教 育

站在巨人的肩上
Standing on the Shoulders of Giants

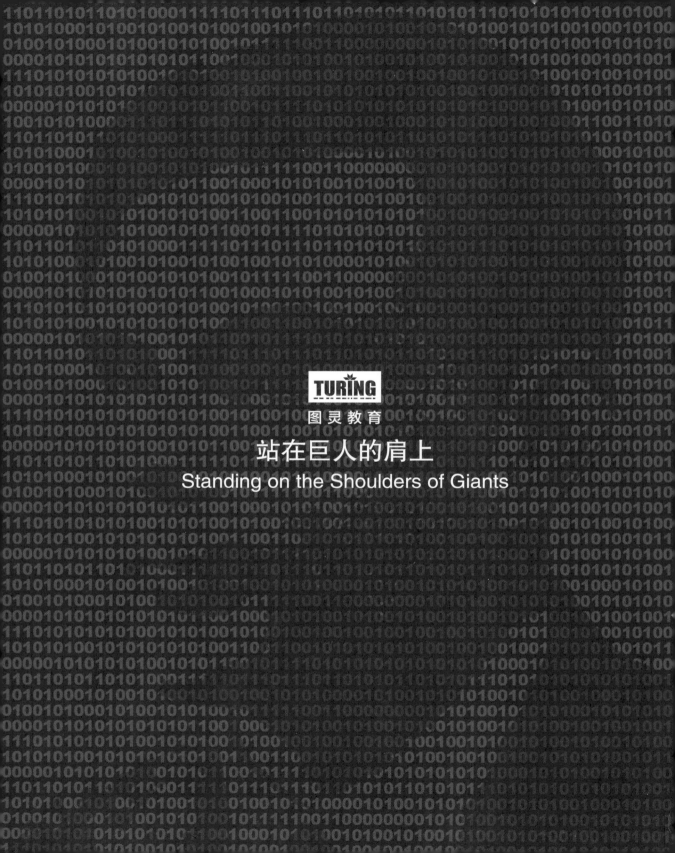

TURING

图灵教育

站在巨人的肩上

Standing on the Shoulders of Giants

TURING 图灵程序设计丛书

Android Design Patterns and Best Practice

Android
设计模式与最佳实践

[英] 凯尔·缪◎著　　李玥◎译

人民邮电出版社

北　京

图书在版编目（CIP）数据

Android设计模式与最佳实践 /（英）凯尔·缪
(Kyle Mew) 著；李玥译. -- 北京 ：人民邮电出版社，
2020.10
（图灵程序设计丛书）
ISBN 978-7-115-54768-2

Ⅰ．①A… Ⅱ．①凯… ②李… Ⅲ．①移动终端—应用
程序—程序设计 Ⅳ．①TN929.53

中国版本图书馆CIP数据核字(2020)第166321号

内 容 提 要

　　本书是一份全面的指南，介绍如何在应用程序中使用久经考验的编程方法——设计模式。书中将主
要探讨如何构建自己的定制模式，并将其应用于 Android 开发。本书并非依次介绍每种设计模式，而是从
开发者的角度，基于应用程序开发的各个方面探讨在构建 Android 应用程序过程中可能出现的设计模式。
本书专注于开发一个完整的客户端移动应用程序，重点关注何时、如何以及为什么应该在 Android 开发中
使用模式。读者将学会如何将设计模式应用于 Android 开发的各个方面，以及如何使用它们协助实现最佳
实践。

　　本书适合具有基本 Android 开发经验的开发者。

　◆ 著　　　　　[英] 凯尔·缪
　　译　　　　　李　玥
　　责任编辑　　温　雪
　　责任印制　　周昇亮
　◆ 人民邮电出版社出版发行　　北京市丰台区成寿寺路11号
　　邮编　100164　　电子邮件　315@ptpress.com.cn
　　网址　https://www.ptpress.com.cn
　　三河市祥达印刷包装有限公司印刷
　◆ 开本：800×1000　1/16
　　印张：18
　　字数：426千字　　　　　　　　　2020年10月第 1 版
　　印数：1-2 500册　　　　　　　2020年10月河北第 1 次印刷
　　著作权合同登记号　图字：01-2017-8606号

定价：79.00元
读者服务热线：(010)51095183转600　印装质量热线：(010)81055316
反盗版热线：(010)81055315
广告经营许可证：京东市监广登字 20170147 号

版 权 声 明

译 者 序

《大话设计模式》中有这样一句话，令人印象深刻："编程是一门技术，更加是一门艺术。"如果把编程比作武功，编程语言就像是招式，而设计模式就像是内功心法。招式可以千变万化，但光有招式没有内功，便只是花拳绣腿，内功心法的深度决定了招式可以发挥的上限。业内很多初中级工程师，还处于单纯堆积业务逻辑、只顾实现功能的阶段，他们很少考虑代码的设计问题。要想顺利突破职业生涯的瓶颈，在编程的道路上走得更远，修炼内功心法必不可少。只有接受前人伟大思想的洗礼，才能不断加深理解、融会贯通，从而将思想发扬光大。

提起设计模式，大家一定会想到业内名著《设计模式：可复用面向对象软件的基础》，但该书学术性较强，内容抽象晦涩，因此初学者很难透彻地理解和掌握，更不知如何在实际中运用这些设计模式。虽然设计模式是一种思想、一种经验总结，不依赖于任何编程语言，但各种编程语言的特性终究是不同的。对于开发者来说，使用熟悉的语言更利于学习。随着时代的发展，智能手机、平板计算机等智能设备的兴起，越来越多的开发者加入了 Android 开发阵营。

本书以 Android 应用程序的功能为例，深入讲解各种模式，通俗易懂、循循善诱，并且通过实战的方式，帮助读者学以致用。作者将设计模式与 Android 完美融合，犹如牛奶与巧克力的完美搭配，让人意犹未尽，惊叹其优雅、灵活的实现方式，并忍不住想要亲自尝试。此外，本书并不局限于经典的 23 种设计模式，还包含了 Android 开发的方方面面，使读者可以在掌握设计模式的同时学到 Android 中的一些重要知识。

由于时间仓促，并且译者水平有限，书中难免存在错误之处，还望读者朋友们海涵并批评指正。翻译的过程远比想象中困难，感谢家人、朋友们的理解、鼓励与支持。同时向参与本书编辑的各位老师致以衷心的感谢，本书能够顺利出版，离不开他们辛勤的工作。

最后，感谢阅读本书的读者朋友们，衷心希望各位可以爱上设计模式，早日将设计模式运用于实际项目中。

李玥

2020 年 6 月 28 日

前　言

欢迎阅读本书。本书是一份全面的指南，介绍如何在应用程序中使用久经考验的编程方法——设计模式。设计模式为编程人员面临的许多开发问题提供了一种优雅又合理的方法，这些方法作为指南，为找到问题的解决方案提供了一条清晰的路径。虽然应用设计模式本身并不能保证最佳实践，但它极大地协助推进这一过程，并使设计缺陷更容易被发现。设计模式可以在很多平台上实现，且可以使用多种编程语言编写。一些代码库的内部实现也应用了设计模式，比如许多读者熟悉的 Java 的 `Observer` 类和 `Observable` 类。我们将要探索的 Android SDK 也充分利用了许多模式，例如工厂、建造者和监听器（实际上就是观察者）。虽然我们会介绍这些内置的设计模式，但本书将主要探讨如何构建我们自己的定制模式，并将其应用于 Android 开发。

本书并非依次介绍每种设计模式，而是从开发者的角度，基于应用程序开发的各个方面探讨在构建 Android 应用程序过程中可能出现的设计模式。为了讲解更清晰，我们将聚焦于一个旨在支持小型企业的假想应用程序，从应用程序的构想开始讲起，直到最终应用程序发布，中间介绍诸如用户界面（UI）设计、内部逻辑以及用户交互之类的主题。其中的每一步，我们都将探索与该过程相关的设计模式。首先以抽象的形式探索该模式，然后将其应用于特定的情况。在本书结尾，我们将学会如何将设计模式应用于 Android 开发的各个方面，以及如何使用它们协助实现最佳实践。设计模式的概念比任何特定模式本身都重要，模式可以且应该适用于我们的特定目的。通过这种方式学习应用程序开发，我们甚至可以独立创造出属于自己的设计模式。

本书内容

第 1 章，设计模式，介绍开发环境以及两种常见的设计模式——工厂模式和抽象工厂模式。

第 2 章，创建型模式，介绍 Material Design 和界面设计，探索设计支持库和建造者设计模式。

第 3 章，Material 模式，介绍 Android 用户界面和一些非常重要的 Material Design 组件，例如应用程序栏和滑动式导航抽屉。此外还会介绍菜单和动作图标及其实现方式，以及如何使用抽屉的监听器来检测用户活动。

第 4 章，布局模式，前一章已提及，这一章会进一步探讨 Android 布局设计模式，以及如何使用重力和权重来创建可以在各种设备上使用的布局。我们将学会如何处理 Android 设备方向以及屏幕尺寸和形状的差异。这一章也会介绍和演示策略模式。

第 5 章，**结构型模式**，深入研究设计库，并创建一个包含 `RecyclerView` 的 `Coordinator-Layout` 布局。完成此布局需要使用适配器设计模式（首先是内部版本的适配器，然后构建我们自己的适配器），以及桥接模式、外观模式和过滤器模式。

第 6 章，**活动模式**，演示如何将模式直接应用到应用程序中。这一章将介绍更多设计库功能，如可折叠工具栏、滚动和分隔符；创建由用户活动触发的自定义对话框；重新审视工厂模式并展示如何使用建造者模式填充 UI。

第 7 章，**混合模式**，介绍并演示两种新的结构型模式——原型模式和装饰者模式，讲解它们的灵活性，还会使用这些模式来控制由不同复合按钮（例如开关、单选按钮组）组成的 UI。

第 8 章，**组合模式**，专注于组合模式，介绍如何在多种情况下使用组合模式，以及如何做出正确的选择，然后在实际演示中使用它来填充嵌套的 UI。接着介绍持久性数据的存储和检索、内部存储的使用、应用程序文件以及共享偏好形式的用户设置。

第 9 章，**观察者模式**，着眼于从一个活动向另一个活动转换的过程中所涉及的视觉过程，这不仅仅是装饰。我们将学习如何应用转换和共享元素来高效地利用移动设备的最小屏幕空间，并简化应用程序的使用和操作。

第 10 章，**行为型模式**，专注于主要的行为型模式——模板模式、策略模式、访问者模式和状态模式，提供每种模式的工作演示，并介绍它们的灵活性和用法。

第 11 章，**可穿戴模式**，展示 Android Wear、电视（TV）和 Auto 的工作方式，演示如何依次设置和配置它们，并研究这些应用程序与标准手持设备应用程序之间的差异。

第 12 章，**社交模式**，演示如何添加 Web 功能和社交媒体。首先探索 `WebView` 以及如何使用它来创建内部 Web 应用程序；接下来探讨如何将应用程序连接到 Facebook，以及我们可以用它做些什么；最后考察其他社交平台，如 Twitter。

第 13 章，**分发模式**，介绍 Android 应用程序的部署、发布和盈利。我们将完成注册和发布过程，然后了解广告选项及其适用场景，最后学习如何通过一些部署技巧来使潜在用户数量最大化。

本书所需

Android Studio 和 SDK 都是开源的，可以从一个包中安装。这便是本书所需的所有软件。但有一个小小的例外，相关章节会详述。

本书读者

本书面向具有基本 Android 开发经验的开发者。要充分利用本书，必须具备基本的 Java 编程知识。

排版约定

本书中有许多不同类型的文本样式。以下是这些样式的一些示例，并解释了其含义。

正文中的代码和用户输入如下所示："将三个 `TextView` 添加到布局中，然后将代码添加到 `MainActivity` 的 `onCreate()` 方法中。"

代码块样式如下所示：

```
Sequence prime = (Sequence) SequenceCache.getSequence("1");
primeText.setText(new StringBuilder()
        .append(getString(R.string.prime_text))
        .append(prime.getResult())
        .toString());
```

当我们希望引起你对代码块特定部分的注意时，相关行或项将以粗体显示：

```
@Override
public String getDescription() {
    return filling.getDescription() + " Double portion";
}
```

命令行输入和输出如下所示：

/gradlew clean:

新术语和**重要单词**用黑体显示。你在屏幕上看到的单词（例如，在菜单或对话框中），在文本中会这样显示："在手机上启用开发者选项。在某些型号的手机上，需要进入 Settings | About phone（设置|关于手机）。"

此图标表示警告或重要注释。

此图标表示提示和诀窍。

读者反馈

我们始终欢迎读者反馈。请让我们了解你对本书的看法——你喜欢或不喜欢哪些内容。读者反馈对我们来说很重要，因为它有助于我们编写出可为读者提供最大帮助的内容。要向我们发送一般的反馈，请发送电子邮件至 feedback@packtpub.com，并在邮件主题中注明书名。如果你是某个领域的专家并有兴趣编写图书，请访问 www.packtpub.com/authors。

读者支持

我们为读者提供各种服务，以帮助读者充分利用购买的图书。

下载示例代码

本书中文版的读者可访问 https://www.ituring.com.cn/book/1965 下载代码文件以及彩图。

勘误

虽然我们已尽力确保本书内容正确，但出错仍在所难免。如果你在我们的图书中发现错误，无论是文本还是代码错误，请告知我们，我们会非常感激。这样做可以减少其他读者的困扰，并帮助我们改进本书的后续版本。如果你发现任何错误，请访问 http://www.packtpub.com/submit-errata，选择图书，单击 Errata Submission Form 链接，然后输入详细的错误信息。勘误一经核实，我们将接受你提交的表单，并将勘误上传到本公司网站或添加到现有勘误表中。[①]

要查看以前提交的勘误，请访问 https://www.packtpub.com/books/content/support，然后在搜索字段中输入书名。所需信息会在 Errata 区域显示出来。

反盗版

互联网上的盗版是所有媒体都要面临的问题。Packt 非常重视保护版权和许可。如果你发现我们的作品在互联网上被非法复制，不管以什么形式，都请立即将地址或网站名称告知我们，以便我们采取补救措施。

请把可疑盗版材料的链接发送到 copyright@packtpub.com。

非常感谢你帮助我们保护作者，以及保护我们给读者带来有价值内容的能力。

问题

如果对本书的任何方面存有疑问，请通过 questions@packtpub.com 联系我们，我们将尽最大努力帮助你解决问题。

---

① 本书中文版的读者请到 https://www.ituring.com.cn/book/1965 提交勘误。——编者注

电子书

扫描如下二维码，即可购买本书中文版电子书。

目　　录

第 1 章
设计模式

1

长期以来，设计模式一直被视作解决常见软件设计问题最可靠、最有效的途径之一。各类设计模式提供了可复用的通用解决方案，用于解决常见的开发问题，例如如何在不改变对象结构的前提下添加功能，以及如何更好地构造复杂的对象。

应用模式有许多优势，尤其是开发者可以遵循这些最佳实践，简化大型项目的管理，因为使用可复用的整体软件结构（模式）可以解决相似的问题。这并不是说代码可以简单地从一个项目中复制和粘贴到另一个项目中，而是说概念本身可以在不同场景下反复使用。

应用编程模式还有许多其他的好处，本书都将涵盖，以下是一些值得提及的要点。

❑ 模式为团队中的开发者提供了一种高效的通用语言。当一位开发者描述**适配器**或**外观**等结构时，其他开发者可以马上理解其含义，并识别出代码的结构和目的。

❑ 用模式添加抽象层，可以使修改和变更正在开发中的项目代码更加容易。甚至有些模式就是专为此种情况而设计的。

❑ 模式的应用范围很广，从项目的整体架构到构造项目中最基本的对象都可以应用模式。

❑ 使用模式可以大幅减少代码内部注释和通用文档，因为模式也是一种描述。类或接口的名称可以直观地说明它们的目的以及它们在模式中的地位。

Android 开发平台非常适合使用模式，不仅大量的应用程序是用 Java 编写的，而且 SDK 中的许多 API 也应用了模式，比如使用**工厂接口**创建对象，以及使用**建造者**来构造对象。像**单例**这种简单的模式甚至可以作为一种模板类。通过本书，我们将学会组合构造出自己的大型模式，还将学会如何利用这些内置的结构进行最佳实践以及简化编码。

本章首先简单地介绍本书的整体情况：将要用到的模式、学习模式的顺序、在现实环境中应用模式的示例应用程序。然后，我们将快速查阅 SDK 中哪些组件最适合参考，尤其是一些**支持库**中提供的组件，这些组件可以同时支持多个平台版本。最好的学习方式就是实践，所以本章剩余部分将开发一个简单的示例应用程序，并使用第一个模式——**工厂模式**，以及与工厂模式相关的**抽象工厂模式**。

在本章，你将学到以下内容：

❏ 模式是如何分类的，以及本章将要介绍的模式；
❏ 书中示例应用程序的目的；
❏ 应该面向哪些平台版本；
❏ 支持库的用途；
❏ 工厂模式是什么，以及如何构造一个工厂模式；
❏ 如何使用 UML 类图；
❏ 如何在真机和模拟器上测试应用程序；
❏ 如何监控正在运行的应用程序；
❏ 如何用简单的调试工具测试代码；
❏ 抽象工厂模式是什么，以及如何使用抽象工厂模式。

1.1　如何使用本书

本书旨在展示设计模式的应用对 Android 应用程序开发的直接帮助。我们将专注于开发一个完整的客户端移动应用程序，重点关注何时、如何以及为什么应该在 Android 开发中使用模式。

从历史上看，模式的构成存在一定程度的争议。1994 年，Erich Gamma、Richard Helm、Ralph Johnson 和 John Vlissides "四人组" 合著了《设计模式：可复用面向对象软件的基础》一书。书中阐述了 23 种设计模式，公认这些模式能帮助解决软件工程中可能遇到的几乎所有问题。正是由于这个原因，这些模式将成为本书的主干。这些模式可以分成 3 类：

❏ **创建型**——用于创建对象
❏ **结构型**——用于组织对象
❏ **行为型**——用于对象之间的通信

考虑到实用性，本书不会按上述顺序逐类讲解模式。相反，我们将在开发应用程序的过程中自然而然地逐个探索出现的模式，而这通常意味着从创建一个结构开始。

在一个独立的应用程序中囊括所有设计模式是困难、臃肿和不切实际的，尝试使用尽可能多的设计模式看起来更现实。在本书中，这些设计模式不会被直接使用，我们至少会探索一下为什么要这么做，并且针对每种情形至少会用一个实例来展示如何使用设计模式。

模式不是一成不变的，它们也不能解决所有可能出现的问题。我们将在书末看到，一旦掌握了这个主题，在没有既定模式适合的少见的情况下，我们依然可以创建自己的模式或是基于已有模式进行改造适配。

简而言之，模式不是一套一成不变的规则，而是一系列经受过已知问题检验的约定俗成的方法。如果你在探索的过程中发现了窍门，请务必多多实践。经过长久的坚持和积累，就会创造出属于你自己的模式，它和本书所涵盖的传统模式一样有用。

本书的前几章重点关注 UI 设计，并介绍一些基本的设计模式及其工作原理。大概从第 6 章开始，我们将把它们和其他模式一起应用到真实的示例中，特别是应用到同一个应用程序中。后面几章的内容集中在开发的后期阶段，例如使应用程序适配不同的设备（这是专为讲解设计模式而构建的任务），从而获取更广阔的市场并获利。

 如果你不熟悉 Android 开发，请参阅前三章中的详细介绍。如果你已经十分熟悉 Android 开发，那么可以跳过这几章的内容，而专注于模式本身。

在开始学习第一个模式之前，先来看一下本书将要构建的应用程序以及它所带来的挑战和机遇是很有意义的。

1.2　我们将构建什么

正如前面所提到的，在本书中，我们将构建一个虽小但完整的 Android 应用程序。不妨现在就来看一下我们将构建什么以及为什么要构建它。

我们将把自己定位成一个接洽了潜在客户的独立 Android 开发者。我们的潜在客户经营着一家小企业，制作新鲜的三明治并将其运送到当地的几栋办公楼。客户面临着几个问题，他们相信可以通过移动应用程序来解决这些问题。为了理解应用程序所能提供的解决方案，我们将把情境分为三个部分：场景、问题和解决方案。

1.2.1　场景

客户经营着一个小而成功的业务：制作新鲜的三明治，然后把它们送到附近的办公楼。工作人员可以在办公桌前使用手机买三明治外卖吃。三明治很好吃，借助口口相传的广告效应，越来越受欢迎。现在有了一个业务扩张的好机会，但商业模式中存在一些明显低效的问题，客户相信可以使用移动应用程序来解决这些问题。

1.2.2　问题

对客户来说，需求几乎无法预测。在很多情况下，某种三明治制作得太多，导致了浪费，而三明治生产线有时准备不足，又会导致销售损失。此外，仅依靠口口相传的营销方式，业务扩张局限在一小片地理区域。客户没有可靠的途径知晓，是否值得投入更多的员工和摩托车去更远的地方配送，以及是否值得在城镇的其他区域开设新店。

1.2.3　解决方案

一个供所有顾客免费使用的移动应用程序，不仅能解决上述问题，还能带来一系列全新的商机。应用程序不仅能解决需求不可预测的问题，还使我们有机会挖掘出未曾预料的新需求。当我们可以让顾客通过原料表定制个性化的三明治时，为什么仅给顾客一套菜单呢？也许顾客喜欢已有的奶酪和黄瓜三明治，但希望能在其中加入一两片苹果，或者更喜欢用杧果酸辣酱腌制；也许顾客是素食主义者，希望从他们的选择中去掉肉类产品；也许顾客对某些食材过敏。这些需求都可以通过一个精心设计的移动应用程序来满足。

此外，口口相传的广告以及在当地报纸或广告牌上的宣传，这些推广方式都存在地理局限性，很难让企业在更广阔的舞台上取得成功。而使用社交媒体不仅可以让客户清楚地了解当前的趋势，还可以将信息传播给更多的受众。

现在我们的客户不仅能准确地判断业务范围，而且可以增加一些适合现代数字化生活的新特性，例如使用游戏化的应用程序。竞争、难题和挑战带来了全新的视角以吸引顾客，并提供了能增加收入和市场份额的强大技术。

任务现在清晰些了，可以开始写代码了。我们将从一个非常简单的工厂模式示例开始编写，开发过程中还将仔细了解一下 SDK 中一些有用的特性。

1.3   目标平台版本

为了跟上新技术的步伐，Android 平台经常发布新的版本，这意味着开发者可以在应用程序中使用最新的特性。但是，这也存在一个显而易见的缺点：只有最新的设备才能在这个平台上运行，而这些设备只占市场份额的一小部分。图 1-1 展示了从 Android 官方网站上获取的图表。

Version	Codename	API	Distribution
2.2	Froyo	8	0.1%
2.3.3 - 2.3.7	Gingerbread	10	1.3%
4.0.3 - 4.0.4	Ice Cream Sandwich	15	1.3%
4.1.x	Jelly Bean	16	4.9%
4.2.x		17	6.8%
4.3		18	2.0%
4.4	KitKat	19	25.2%
5.0	Lollipop	21	11.3%
5.1		22	22.8%
6.0	Marshmallow	23	24.0%
7.0	Nougat	24	0.3%

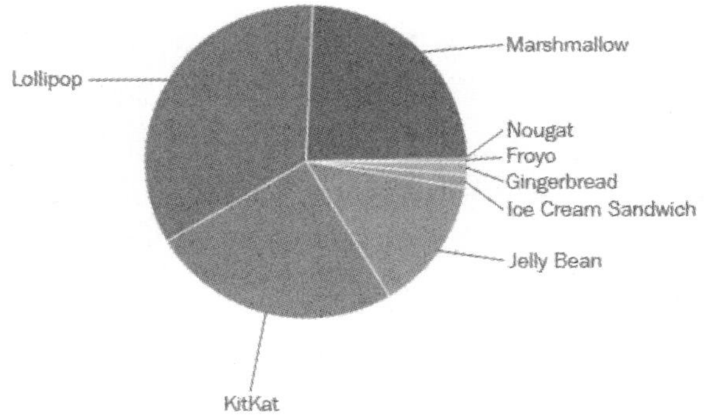

图   1-1

如你所见，绝大多数的 Android 设备仍在旧平台上运行。幸运的是，在 Android 平台上，通过使用**支持库**和设置最低 SDK 版本，我们可以同时适配旧设备和使用最新的平台版本特性。

首先要确定的就是目标平台。虽然这个决定在以后可以更改，但是尽早确定要包含的特性以及如何在旧设备上适配它们，可以大大简化整体任务。

要了解如何完成上述操作，请先新建一个 Android Studio 项目，命名随意。选择 Phone and Tablet（手机和平板计算机）作为形状因子，选择 API 16 作为**最低 SDK**。

从模板列表中，选择 Empty Activity（空活动）并保留其他内容，如图 1-2 所示。

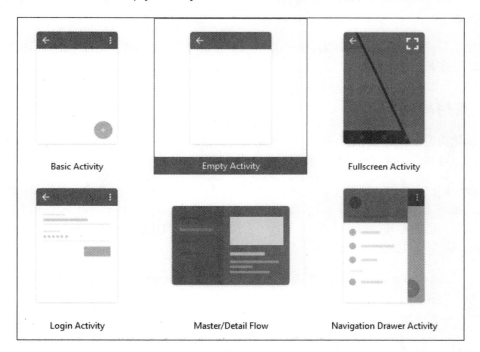

图　1-2

Android Studio 将自动选择可用的最高 SDK 版本作为目标版本。从项目面板中打开 build.gradle (Module: app) 文件，在该文件中的 `defaultConfig` 部分可以看到应用的版本。`defaultConfig` 部分的代码如下所示。

```
defaultConfig {
    applicationId "com.example.kyle.factoryexample"
    minSdkVersion 16
    targetSdkVersion 25
    versionCode 1
    versionName "1.0"
}
```

以上代码可以确保项目在此 API 版本区间正确地编译。但是如果要构建准备发行的应用程序，则需要告知 Google Play 商店，该应用程序可以在哪些设备上使用。这可以通过配置 build.gradle 文件中的模块实现，如下所示。

```
minSdkVersion 21
targetSdkVersion 24
```

AndroidManifest.xml 文件同样需要编辑。如下所示，需要在 manifest 节点下添加 uses-sdk 元素。

```
<uses-sdk
    android:minSdkVersion="16"
    android:targetSdkVersion="25" />
```

确定了目标平台版本的范围后，便可以继续学习如何使用支持库。支持库让我们能够在旧设备上集成许多新特性。

1.4 支持库

在构建向后兼容的应用程序时，支持库毫无疑问是最强大的工具。它实际上是一系列单独的代码库，通过替代标准 API 中的类和接口来提供支持。

Android 有 12 个独立的支持库[1]，这些支持库不仅能提供兼容性，还包含一些常见的 UI 组件，如滑动式抽屉（SlidingDrawer）和悬浮按钮（FloatingActionButton）。如果不使用支持库，就只能自己从零开始编写这些 UI 组件。支持库还可以简化适配不同屏幕形状和尺寸以及添加一两个其他功能的过程。

在使用 Android Studio 进行开发时，应该下载 support repository，它是专为 Android Studio 设计的。虽然 support repository 和 support library 提供的功能相同，但前者更高效。[2]

本章的示例不会用到任何支持库，项目中唯一包含的 v7 appcompat 库是在项目创建时自动添加的。后文会经常提及支持库，现在我们要专注于应用第一个设计模式。

1.5 工厂模式

工厂模式是使用最广的创建型模式之一。顾名思义，它会创建一些东西。确切地说，它会创

---

[1] 翻译本书时已有 20 多个支持库。——译者注
[2] Android Support Library 下载的是对应的源码或 jar 包，而 Android Support Repository 下载的则是这个 support 库所对应的本地 Maven 库。目前，Google 官方已经不再提供 Android Support Library 了。——译者注

建对象。工厂模式的用途是借助通用接口将逻辑与使用分开。要了解工厂模式的工作原理，最好的方式就是实践。打开我们之前创建的项目，或者新建一个项目。最低 SDK 版本和目标 SDK 版本对本练习来说并不重要。

> 当选择 API 21 及以上版本时，Android Studio 可以采用热部署技术。热部署避免了每次运行项目时都要重新构建项目，这大大加快了应用程序的测试速度。因为热部署能节约时间，所以若计划将目标平台设置成较低的版本，可以在开发完成之后再降低版本。

我们将构建一个非常简单的示例应用程序，用于生成"三明治制作应用程序"所需的对象，这些对象代表不同种类的面包。为了强调模式，我们将保持示例的简单，对象的返回值不会比字符串复杂。

(1) 在项目视图中找到 MainActivity.java 文件。

(2) 右键单击，新建一个 Java 类，种类选择**接口**（Interface），类名叫 Bread，如图 1-3 所示。

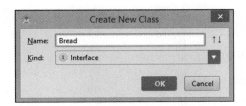

图　1-3

(3) 完成接口：

```
public interface Bread {

    String name();
    String calories();
}
```

(4) 创建 Bread 的具体类：

```
public class Baguette implements Bread {

    @Override
    public String name() {
        return "Baguette";
    }

    @Override
    public String calories() {
        return " : 65 kcal";
    }
}
```

```java
public class Roll implements Bread {

    @Override
    public String name() {
        return "Roll";
    }
    @Override
    public String calories() {
        return " : 75 kcal";
    }
}

public class Brioche implements Bread {

    @Override
    public String name() {
        return "Brioche";
    }

    @Override
    public String calories() {
        return " : 85 kcal";
    }
}
```

(5) 创建一个新类，取名 BreadFactory：

```java
public class BreadFactory {

    public Bread getBread(String breadType) {

        if (breadType == "BRI") {
            return new Brioche();

        } else if (breadType == "BAG") {
            return new Baguette();

        } else if (breadType == "ROL") {
            return new Roll();
        }

        return null;
    }
}
```

UML 图

　　理解设计模式的关键在于理解它们的结构以及组件之间的关联。图形化是查看设计模式的最佳方式之一，统一建模语言（unified modeling language，UML）类图则是实现图形化的好方法。

　　思考一下，我们刚刚创建的设计模式该如何用图形化的方式表达。图 1-4 给出了示例。

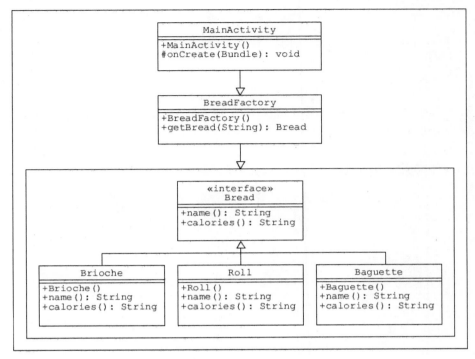

图 1-4

设计模式已经准备就绪，接下来要做的就是查看它的实际效果。对于这个示例，我们将在布局中使用模板生成的 **TextView**。每次主活动（MainActivity）启动时，onCreate()方法都会被调用。

(1) 在**文本**模式下打开 activity_main.xml 文件。

(2) 为文本视图添加 id：

```
<TextView
    android:id="@+id/text_view"
    android:layout_width="match_parent"
    android:layout_height="wrap_content" />
```

(3) 打开 MainActivity.java 文件，依照以下代码编辑 onCreate()方法。

```
@Override
protected void onCreate(Bundle savedInstanceState) {
    super.onCreate(savedInstanceState);
    setContentView(R.layout.activity_main);

    TextView textView = (TextView) findViewById(R.id.text_view);

    BreadFactory breadFactory = new BreadFactory();
```

```
Bread bread = breadFactory.getBread("BAG");

textView.setText(new StringBuilder()
        .append(bread.name())
        .toString());
}
```

 根据 Android Studio 的设置，可能需要导入 TextView 小部件：import android. widget.TextView;。通常，编辑器会提示你，按下 Alt+Enter 快捷键即可导入。

现在，可以在模拟器或真机上测试设计模式了，如图 1-5 所示。

图　1-5

乍看之下，这可真是小题大做，但也是设计模式的魅力所在。新增的抽象层让我们无须编辑活动（activity）就能修改类，反之亦然。当需要开发更复杂的对象以及使用多个工厂时，该特性的实用性将变得更加明显。

本节的示例太简单了，以至于不需要做任何测试。不过，我们不妨来探索如何在真机和模拟器上测试 Android 应用程序，并学习如何监控性能，以及如何通过调试工具，实现不添加额外的屏幕组件即可测试输出。

1.6　运行和测试应用程序

如今，大量的设备使用 Android 系统，它们的形状和尺寸各异。作为开发者，我们希望能够用最少的代码，让应用程序适配尽可能多的设备和形状因子。幸运的是，Android 平台非常适合这一挑战。我们能够轻松地调整布局，并且可以构建模拟器，适配一切我们能想到的形状因子。

Google 提供了一个非常方便的基于云的应用程序测试工具——Firebase 测试实验室。

显然，在任何测试环境中，模拟器都是重要的组成部分。但这并不意味着连接测试机测试应用程序不方便。使用自己的测试机，不仅比任何模拟器都快，而且正如我们接下来将要看到的，真机连接的配置非常简单。

1.6.1 连接到真机

真机除了比模拟器快，还能让我们在现实环境中测试应用程序。

将真机连接到我们的开发环境需要两个步骤。

(1) 在手机上启用开发者选项。在某些型号的手机上，需要进入 Settings | About phone（设置 | 关于手机），点击 7 次 Build number（版本号），之后 Developer options（开发者选项）会出现在设置中。使用此选项，可以启用 USB debugging（USB 调试）以及 Allow mock locations（允许模拟位置）。

(2) 现在，你应该可以通过 USB 或者 Wi-Fi 插件线将设备连接到工作站了。此时打开 Android Studio，已经可以显示设备。如果没有显示设备，可能需要打开 SDK Manager，通过 Tools（工具）选项卡安装 Google USB driver（Google USB 驱动程序）。极少数情况下，需要从设备制造商网站下载 USB 驱动程序。

真机对于快速测试应用程序的功能变化是非常有用的，但是为了在开发过程中可以直观看到应用程序在不同形状、尺寸的屏幕上的显示效果，需要创建一些模拟器。

1.6.2 连接到模拟器

利用 Android 虚拟设备（AVD），开发者可以随意试验各种模拟的硬件设置，但众所周知，它们速度很慢，会耗尽许多计算机系统资源，而且缺乏真机中的许多特性。虽然模拟器有这些缺点，但它仍是 Android 开发者工具箱中的重要部分。通过考虑以下内容，可以减少许多阻碍。

❑ 拆解模拟器，使其只包含应用程序设计所需的特性。例如，如果应用程序中没有拍照功能，可以从模拟器中删除相机功能，以后随时可以添加回来。
❑ 尽量降低 AVD 的内存和存储需求。当应用程序有需要时，创建另一个设备非常容易。
❑ 只有需要测试特定的新特性时，才使用最新的 API 级别创建 AVD。
❑ 先在具有低分辨率和低密度屏幕的模拟器上进行测试，这将使运行速度更快，并且仍能测试不同的屏幕尺寸和长宽比。
❑ 尝试拆分耗费资源的功能，并单独测试它们。例如，如果应用程序中使用了大量的高清图像集合，可以通过单独测试此功能来节省时间。

构建适合特定用途的模拟器通常比构建用于测试所有功能的通用模拟器要快，而且现在有越来越多的第三方 Android 模拟器可用，例如 Android-x86 和 Genymotion，它们通常更快，并且具有更多的开发特性。

值得注意的是，当只测试布局时，Android Studio 提供了一些强大的预览选项，可以让我们预览许多形状因子、SDK 级别以及主题上的潜在 UI 效果，如图 1-6 所示。

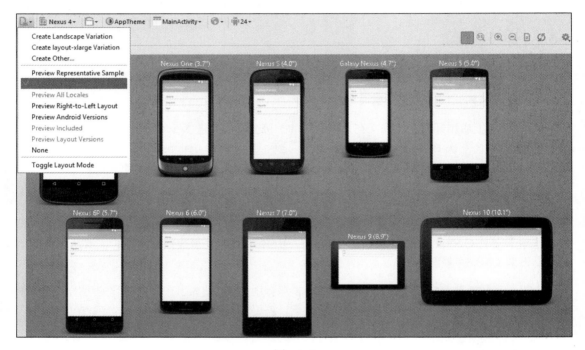

图   1-6

现在，创建一个基本的 AVD 来运行和测试当前项目。目前没有什么真正需要测试的东西，但是通过此操作，我们将看到如何在运行时监控应用程序的行为，以及如何在不使用设备屏幕的情况下使用调试监控器服务来测试输出（对于调试项目来说，这种方式不太吸引人）。

1.6.3   监控设备

下面的演示对模拟器和真机都有效，因此可以任选最适合你的设备。如果要创建 AVD，无须大尺寸、高密度的屏幕以及大内存。

(1) 打开我们刚做的项目。

(2) 从 Tools | Android（工具 | Android）菜单中，选择 Enable ADB Integration（启用 ADB 集成），如图 1-7 所示。

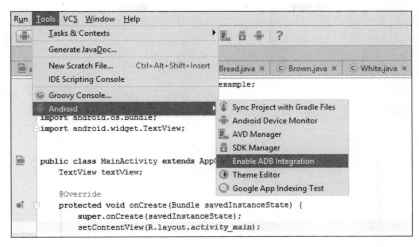

图　1-7

(3) 在同一个菜单中，选择 Android Device Monitor①，尽管它可能已经在运行了。

(4) 现在，使用 Android Device Monitor 在连接的设备上运行应用程序。

Android Device Monitor 在以下几个方面很有用。

❑ 可以在运行时使用 Monitors（监视器）选项卡查看实时系统信息，例如应用程序占用的内存或 CPU 时间。当我们想要查看应用程序未在前台运行时所使用的资源，监视器尤其有用。

❑ 可以设置监视器来收集各种数据，例如方法跟踪和资源使用，这些数据会被存储为文件，可以在 Captures（捕获）面板（通常可以在左侧边栏打开）中查看。

❑ 在 Captures 面板中，对应用程序进行截屏和录屏非常简单。

❑ LogCat 是一个特别有用的工具，因为它不仅可以实时报告应用程序的行为，而且正如我们接下来将要看到的，它还可以生成用户定义的输出。

目前，使用文本视图（TextView）来测试工厂模式是一种便捷但笨拙的代码测试方法。一旦我们开始开发复杂的布局，这种方式就会变得非常不便。一个更优雅的解决方案是使用调试工具，这些工具可以在不影响 UI 的情况下进行查看。本练习剩余的部分将演示该如何做。

(1) 打开 MainActivity.java 文件。

(2) 声明如下常量。

```
private static final String DEBUG_TAG = "tag";
```

(3) 同样，需要确认 android.util.Log;的导入。

---

① Android Device Monitor 已在 Android Studio 3.1 中弃用，并已从 Android Studio 3.2 中移除。——译者注

(4) 用如下所示代码，替换 `onCreate()` 方法中用来设置文本视图文本的代码。

```
Log.d(DEBUG_TAG, bread);
```

(5) 再次打开设备监视器，这可以用快捷键 Alt+6 操作。

(6) 从监视器右上角的下拉列表中，选择 **Edit Filter Configuration**（编辑过滤器配置）。

(7) 填写触发的对话框，如图 1-8 所示。

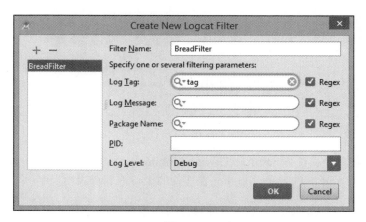

图   1-8

运行应用程序，测试工厂示例。在 logcat 监视器中应该会产生如下输出。

```
05-24 13:25:52.484 17896-17896/? D/tag: Brioche
05-24 13:36:31.214 17896-17896/? D/tag: Baguette
05-24 13:42:45.180 17896-17896/? D/tag: Roll
```

 当然，如果你愿意，依然可以使用 `System.out.println()` 方法将信息在 ADB 监视器中打印出来，但需要在所有输出中搜索它。

我们已经了解了如何在真机和模拟器上测试应用程序，以及如何在运行时使用调试和监视工具查询应用程序。下面可以切换到更贴近现实的情况——涉及多个工厂以及比双字字符串更复杂的输出。

1.7   抽象工厂模式

在制作三明治时，面包只是首个最基本的原料，显然我们还需要一些馅料。用编程语言来讲，这意味着只需简单地构建另一个像 Bread 的接口，可以将其称为 Filling，并为其提供关联的工厂。同样，我们也可以创建一个名为 Ingredient 的全局接口，并将 Bread 和 Filling 都作为其样本。无论使用哪种方式，我们都必须重写许多代码。

设计模式范例提供了**抽象工厂模式**，它可能是最适合解决这一难题的方案。简单来说，抽象工厂就是**创建其他工厂的工厂**。额外添加的抽象层可以减少对主活动中上层控制代码的更改。能够修改底层结构而不影响前面的结构，这是应用设计模式的主要原因之一。当应用于复杂的体系结构时，这种灵活性可以节省多个星期的开发时间，并且相比其他方法有更多的实验空间。

使用多个工厂

下一个项目和前一个项目惊人地相似，也理应如此。使用模式最大的优点之一就是可以复用结构。你可以继续编辑上一个示例，也可以重新创建一个。这里，我们将重新开始一个新项目，希望这样可以让模式的讲解更清晰。

抽象工厂的工作方式与前面的示例稍有不同。这里，活动使用工厂生成器，而工厂生成器又使用抽象工厂类来决定实际调用的工厂任务和创建的具体类。

和之前一样，我们不关注输入和输出的实际机制，而是专注于模式的结构。在继续之前，启动一个新的 Android Studio 项目。无论你如何命名，请将最低 API 级别设置为你想要的最低版本，并选择使用 Blank Activity（空白活动）模板。

(1) 和之前一样，开始创建接口，只是这次我们需要两个接口：一个用于面包，另一个用于馅料。两个接口的代码应该如下所示：

```
public interface Bread {

    String name();
    String calories();
}

public interface Filling {

    String name();
    String calories();
}
```

(2) 和之前一样，创建这些接口的实体类。为了节省空间，每种接口将只创建两个实体类。因为它们的代码几乎完全相同，所以这里只给出一个示例：

```
public class Baguette implements Bread {

    @Override
    public String name() {
        return "Baguette";
    }

    @Override
    public String calories() {
        return " : 65 kcal";
    }
}
```

(3) 创建另一个叫 Brioche 的 Bread，以及叫 Cheese 和 Tomato 的两种馅料。

(4) 接下来，创建一个类，它可以调用所有类型的工厂类：

```java
public abstract class AbstractFactory {

    abstract Bread getBread(String bread);
    abstract Filling getFilling(String filling);
}
```

(5) 下面创建工厂。首先是 BreadFactory：

```java
public class BreadFactory extends AbstractFactory {

    @Override
    Bread getBread(String bread) {

        if (bread == null) {
            return null;
        }

        if (bread == "BAG") {
            return new Baguette();
        } else if (bread == "BRI") {
            return new Brioche();
        }

        return null;
    }

    @Override
    Filling getFilling(String filling) {
        return null;
    }
}
```

(6) 然后是 FillingFactory：

```java
public class FillingFactory extends AbstractFactory {

    @Override
    Filling getFilling(String filling) {

        if (filling == null) {
            return null;
        }

        if (filling == "CHE") {
            return new Cheese();
        } else if (filling == "TOM") {
            return new Tomato();
        }

        return null;
```

1

```
    }

    @Override
    Bread getBread(String bread) {
        return null;
    }
}
```

(7) 最后，添加工厂生成器类：

```
public class FactoryGenerator {

    public static AbstractFactory getFactory(String factory) {

        if (factory == null) {
            return null;
        }

        if (factory == "BRE") {
            return new BreadFactory();
        } else if (factory == "FIL") {
            return new FillingFactory();
        }

        return null;
    }
}
```

(8) 我们可以像之前一样，使用调试标记测试代码：

```
AbstractFactory fillingFactory = FactoryGenerator.getFactory("FIL");
Filling filling = fillingFactory.getFilling("CHE");
Log.d(DEBUG_TAG, filling.name()+" : "+filling.calories());

AbstractFactory breadFactory = FactoryGenerator.getFactory("BRE");
Bread bread = breadFactory.getBread("BRI");
Log.d(DEBUG_TAG, bread.name()+" : "+bread.calories());
```

测试的时候，Android 监视器中将产生如下输出：

```
com.example.kyle.abstractfactory D/tag: Cheese : : 155 kcal
com.example.kyle.abstractfactory D/tag: Brioche : : 85 kcal
```

至本书末尾时，每种原料都将是一个复杂的对象，具有相关的图像、描述文字、价格、热值、等等。这时，我们就会看到坚持使用模式的回报。此处这样一个简单的示例，只是用来演示创建型模式（例如抽象工厂）如何在不影响客户端代码或部署的情况下对产品进行更改。

和前面一样，可以通过视觉表示来增强我们对模式的理解，见图 1-9。

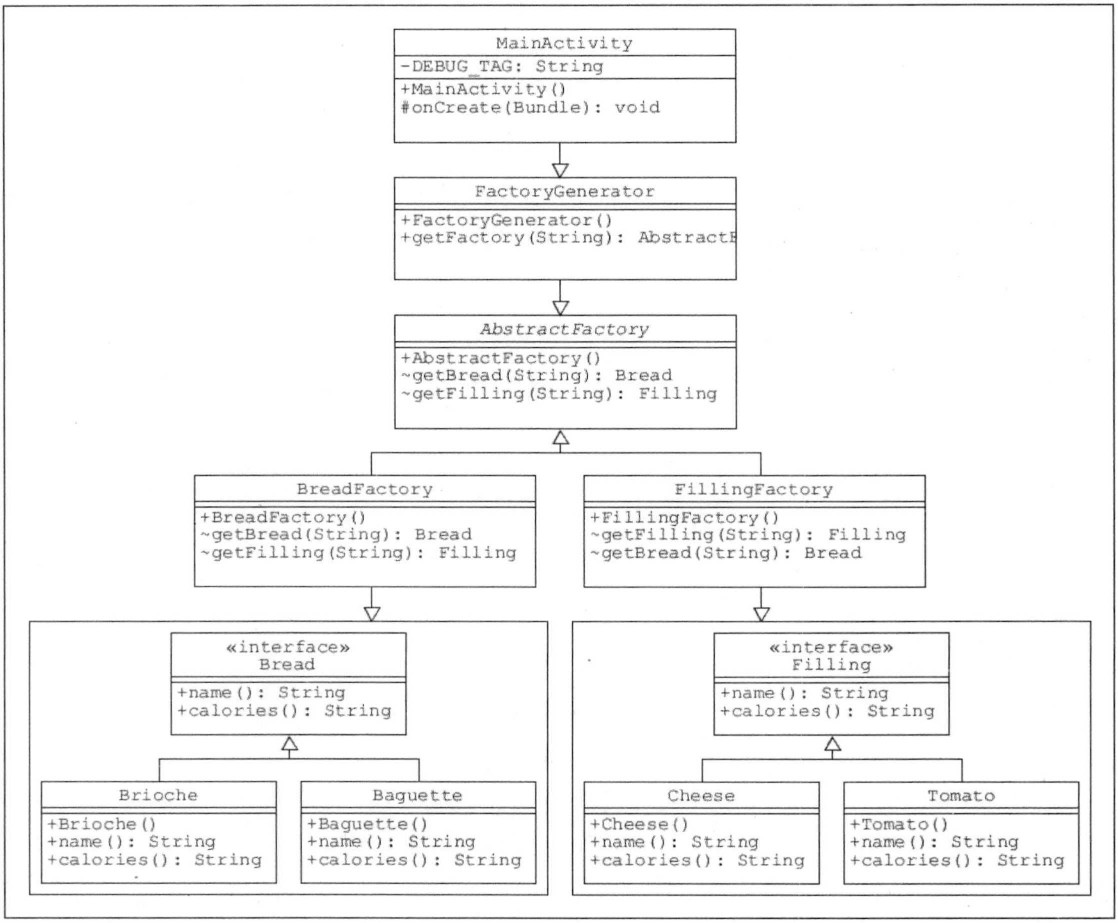

图 1-9

想象一下，我们想在菜单中加入软饮料。它们既不是面包也不是馅料，因此我们需要引入一种全新的对象。增加软饮料所需的模式已经讲过了。我们需要一个与其他接口相同的新接口，称为 Drink，它将使用相同的 name() 和 calories() 方法。具体类（例如 IcedTea）可以按照与上面完全相同的方式实现，例如：

```
public class IcedTeaimplements Drink {

    @Override
    public String name() {
        return "Iced tea";
    }

    @Override
    public String calories() {
```

```
        return " : 110 kcal";
    }
}
```

我们需要如下代码来扩展抽象工厂。

```
abstract Drink getDrink(String drinkType);
```

当然，我们还需要实现一个 `DrinkFactory` 类，它和其他工厂有相同的结构。

换言之，我们可以添加、删除、更改以及徘徊在项目的细节之中，而无须担心软件上层逻辑如何感知这些变化。

工厂模式是最常使用的模式之一，它可以且应该在很多情景下使用。但是和所有模式一样，如果不仔细思考，它可能被过度使用或未充分使用。当考虑项目的总体架构时，如我们所见，还有许多其他模式可供使用。

1.8 小结

考虑到这是一个介绍性的章节，我们已经涵盖了很多内容。我们构建了两个最知名、最有用的设计模式的示例，并且了解了它们有用的原因。

首先，通过查看所使用的开发工具，了解如何以及为何针对特定平台版本以及形状因子进行开发，我们学习了什么是模式，以及为什么可以在 Android 环境中使用它们。

然后，我们应用这些知识创建了两个非常简单的应用程序，它们采用基本的工厂模式。随后，我们了解了如何对真机和模拟器上运行的应用程序进行测试和获取数据。

这使得我们在构建一个完整的应用程序时，能够认真思考该使用哪些模式。下一章将更详细地介绍建造者模式以及如何生成 Android 布局。

第 2 章 ┃ **创建型模式**

第 1 章介绍了**工厂模式**及其相关的**抽象工厂模式**。然而，我们只是简单地研究了这些模式，并没有研究这些对象创建后如何在 Android 设备上显示和运行。换言之，我们构建的模式可能已经被应用于许多其他的软件环境中，为了了解如何使它们更加适用于 Android，我们需要看一下 Android 的 UI 元素以及它们的组成方式。

本章将集中讨论如何将产品表示为 Android UI 组件。我们将使用**卡片视图**（CardView）来显示这些组件，并且每个卡片都将包含标题、图像、一些描述性文本以及原料的热值，如图 2-1 所示。

图　2-1

我们将初步了解 Material Design，它是一种强大的、日益流行的**视觉设计语言**，用于创建干净、直观的 UI。最初，Material Design 是为移动设备的小屏幕设计的，现在它被广泛认为是非常有价值的 UI 范例，它的使用已经从 Android 设备扩展到网站甚至其他移动平台。

Material Design 不仅仅是时尚的，而且它还为遵循 UI 构建最佳实践提供了一系列非常有效的指导。Material Design 提供了与之前讨论过的编程模式类似的可视编程模式。这些模式提供了定义良好的、简洁且易于操作的结构。Material Design 包括比例、缩放、排版和间距等概念，这些概念在 IDE 中都很容易管理，并且由 Material Design 指导方针规范。

了解了如何将原料表示为可行的 UI 组件后，我们将学习另一个常用的创建型模式——**建造者模式**。我们将从 `ingredient` 对象中构建出一个 `sandwich` 对象，来演示这种模式。

在本章，你将学到以下内容：

- ❑ 编辑 Material 样式和主题；
- ❑ 应用调色板；
- ❑ 定制文本设置；
- ❑ 管理屏幕密度；
- ❑ 包含卡片视图支持库；
- ❑ 理解 z 深度和阴影；
- ❑ 将 Material Design 应用于卡片视图；
- ❑ 创建一个建造者模式。

虽然任何时候都可以更改配色方案，但是在构建 Android 应用程序时，配色方案是首要考虑的事情之一。利用框架可以定制许多常见屏幕组件的颜色和外观，例如标题和状态栏的背景色、文本以及高亮阴影。

2.1　应用主题

作为开发者，我们希望我们的应用程序能够脱颖而出，也希望能将 Android 用户熟悉的所有特性整合进来。一种实现方式是在整个应用程序中使用特定的配色方案，通过定制或创建 Android 主题可以轻松地做到。

自 API 21（Android 5.0）起，Android 设备上默认使用 **Material 主题**。Material 主题不仅仅是一个新外观，而且还默认提供了与 Material Design 相关的触摸反馈和过渡动画。和所有 Android 主题一样，Material 主题是基于 Android 样式的。

Android 样式是一组图形属性，用于定义特定屏幕组件的外观。利用样式，我们可以定义字体大小、背景色、内边距（`padding`）、高度（`elevation`）等任意内容。Android 主题只是一种应用于整个活动（activity）或应用程序的样式。样式会被定义成 XML 文件，并存储在 Android Studio 项目的 resources（res）目录中。

幸运的是，Android Studio 提供了一个图形化**主题编辑器**，可以生成 XML。尽管如此，理解幕后的情况总是好的，而打开上一章的抽象工厂项目或者开始一个新项目就可以看到。从项目资源管理器中打开 res/values/styles.xml 文件，它将包含以下样式定义：

```
<style name="AppTheme" parent="Theme.AppCompat.Light.DarkActionBar">

    <item name="colorPrimary">@color/colorPrimary</item>
    <item name="colorPrimaryDark">@color/colorPrimaryDark</item>
    <item name="colorAccent">@color/colorAccent</item>

</style>
```

这里只定义了三种颜色，但我们可以定义更多的颜色，如主文本颜色、次文本颜色、窗口背景颜色等。颜色定义在 colors.xml 文件中，该文件也可以在 values 目录中找到，并且包含以下定义：

```
<color name="colorPrimary">#3F51B5</color>
<color name="colorPrimaryDark">#303F9F</color>
<color name="colorAccent">#FF4081</color>
```

我们可以给应用程序应用多个主题并结合多种样式，但通常来说，在整个应用程序中应用一个主题，定制一个默认 Material 主题是最简单、干净的。

定制默认主题最简单的方法是使用主题编辑器，可以从 Tools | Android（工具|Android）菜单打开该编辑器。该编辑器提供了一个强大的所见即所得（What You See Is What You Get，WYSIWYG）窗格，使我们可以即刻查看所做的所有更改，如图 2-2 所示。

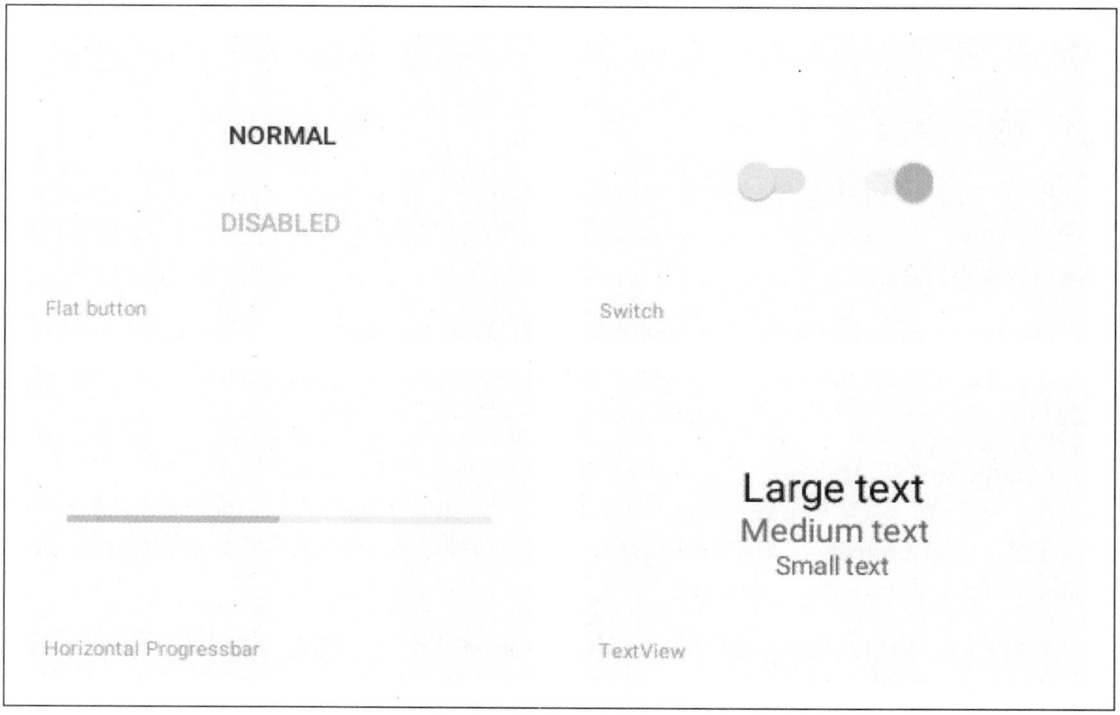

图 2-2

　　虽然我们可以自由为主题选择喜欢的颜色，但 Material Design 指南非常清楚地指导了颜色该如何搭配。查看 Material 调色板可以得到最佳解释。

2.2　定制颜色和文本

　　应用主题时，首先需要考虑的是颜色和文本。Material Design 指南建议从一系列预定义的调色板中选择颜色。

2.2.1　使用调色板

　　在 Material 主题中，可以编辑的两个最重要的颜色是主色。主色直接作用于状态栏和应用程序栏，使应用程序拥有独特的外观且不影响平台的整体感。应该从相同颜色的调色板中选择主色。

　　无论你打算使用哪个颜色的调色板，Google 都建议主色使用色调 500 和 700，如图 2-3 所示。

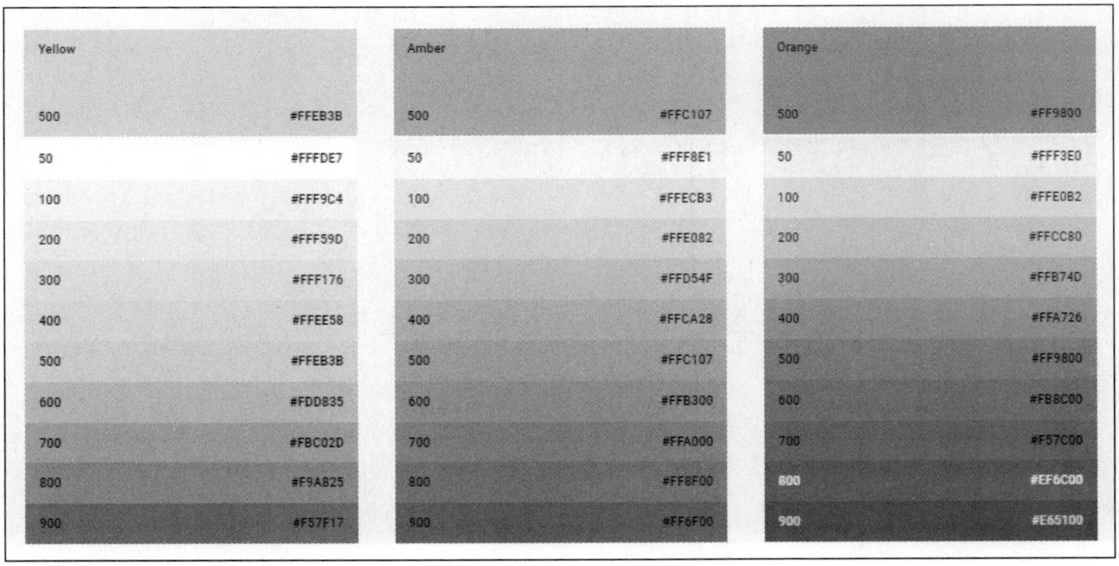

Yellow		Amber		Orange	
500	#FFEB3B	500	#FFC107	500	#FF9800
50	#FFFDE7	50	#FFF8E1	50	#FFF3E0
100	#FFF9C4	100	#FFECB3	100	#FFE0B2
200	#FFF59D	200	#FFE082	200	#FFCC80
300	#FFF176	300	#FFD54F	300	#FFB74D
400	#FFEE58	400	#FFCA28	400	#FFA726
500	#FFEB3B	500	#FFC107	500	#FF9800
600	#FDD835	600	#FFB300	600	#FB8C00
700	#FBC02D	700	#FFA000	700	#F57C00
800	#F9A825	800	#FF8F00	800	#EF6C00
900	#F57F17	900	#FF6F00	900	#E65100

图　2-3

　　无须严格采纳上述建议，但是最好选择接近的色值，并且选择同种颜色的两个色调。

　　主题编辑器非常有用，不仅它的色块提供了色调值的工具提示，而且一旦选择了一个主色，主题编辑器就会自动推荐一个搭配的深色色调。

　　选择强调色时需要考虑主色调。强调色将作用于开关和高光，并需要与主色形成鲜明的对比。

选择对比色没有什么简单的规则，不如选一个色调值是 100 或者接近 100 的浅色调的好看颜色。

可以使用 `navigationBarColor` 更改屏幕底部的导航栏的颜色，但是不建议这样做，因为不应该将导航栏视为应用程序的一部分。

主题的大多数设置可以保留原样，因为它们比较通用。但是，如果想要更改文本颜色，需要注意一两件事情。

2.2.2　定制文本

Material 文本并非使用浅色色调产生浅色效果，而是使用 alpha 通道创建不同级别的**透明度**。这样做的原因是，在不同的背景色或图像上，使用透明度会看起来更舒适。文本透明的规则如图 2-4 所示。

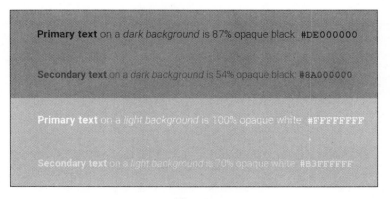

图　2-4

针对样式和主题可以做很多事情，但现在创建一个简单的配色方案就够了，它会应用于整个应用程序。下面来看如何将之前考虑过的三明治原料对象扩展到用户友好的界面中。毋庸置疑，吸引用户最好的方式之一就是使用能增加食欲的照片。

2.3　添加图像资源

适配多种屏幕密度和尺寸是 Android 中最有趣的挑战之一。当显示位图图像时尤其如此，其中有两个互斥的问题需要解决。

- 低分辨率图像在拉伸到适合大屏幕或高分辨率屏幕时，显示得很模糊。
- 在小屏幕、低密度屏幕上显示时，高质量图像所消耗的内存远远超过所需。

除屏幕尺寸外，不同屏幕密度的问题主要通过使用**密度无关像素**（dp）来解决。

2.3.1 管理屏幕密度

dp 是基于 160 dpi[①]屏幕的抽象测量单位。dp 意味着无论屏幕密度如何，宽度为 320 dp 的小部件总是 2 英寸[②]宽。当涉及屏幕的实际物理尺寸时，屏幕密度可以使用各种布局类型、支持库以及属性（如 `weight` 和 `gravity`）来管理。下面来看如何提供图像，以适应最广泛的屏幕密度范围。

Android 系统使用以下限定符划分屏幕密度：

- □ 低密度（ldpi）——120 dpi
- □ 中密度（mdpi）——160 dpi
- □ 高密度（hdpi）——240 dpi
- □ 超高密度（xhdpi）——320 dpi
- □ 超超高密度（xxhdpi）——480 dpi
- □ 超超超高密度（xxxhdpi）——640 dpi

 在安装应用程序的过程中，每个设备只会下载符合其规格的图像。这样不仅可以节省旧设备上的内存，而且可以为有能力的设备提供最丰富的视觉体验。

从开发者的角度来看，似乎需要为给定项目中的所有图像都生成 6 个版本。值得庆幸的是，情况通常并非如此。在大多数手持设备上，640 dpi 的图像和 320 dpi 的图像之间的差别并不明显。而且，考虑到我们的"三明治制作应用程序"的大多数用户只需要通过滑动浏览菜单上的原料，而不需要仔细观察图像的质量，我们可以仅为中、高和超高密度设备提供图像。

 在考虑高端设备的图像质量时，一条经验法则是将我们的图像大小与该设备原生摄像头生成的图像大小进行比较。为了提供更大的图像以改善用户体验而增加内存需求很可能不值得。

在本示例中，我们将提供适合卡片视图的图像，该视图将在纵向模式下占据大部分屏幕宽度。现在，需要找到一幅大约 2000 像素宽的图像。在下面的示例中，该图像被称为 sandwich.png，它的尺寸为 1920 像素×1080 像素。你的图像不需要和该图像的尺寸保持一致，但稍后我们将看到，精心选择的图像比例是良好用户界面实践的重要组成部分。

一幅宽度为 1920 像素的图像，在 320 dpi 的超高密度设备上显示的宽度为 6 英寸。至少现在我们可以假设应用程序将通过移动设备访问，而不是通过计算机或电视访问。因此，即使在 10 英寸的高密度平板计算机上，6 英寸也足以满足需求。接下来看看如何为其他屏幕密度做准备。

---

① dpi 全称是 dots per inch，即对角线每英寸的像素点的个数。——译者注
② 1 英寸约等于 2.54 厘米。——编者注

2.3.2   使用指定资源

通过在**指定资源目录**中存放为特定屏幕密度配置的图像,可以轻松地得到适合各种屏幕密度的位图。在 Android Studio 中,可以通过以下步骤从项目资源管理器创建指定资源目录。

(1) 首先,在 res 文件夹下创建一个新的目录,并将其命名为 drawable-mdpi。

(2) 接下来,创建另外两个名为 drawable-hdpi 和 drawable-xhdpi 的同级目录。

(3) 通过在项目资源管理器的 drawable 上下文菜单中选择 Show in Explorer(在资源管理器中显示),直接打开这些新文件夹。

(4) 将 sandwich.png 图像添加到 drawable-xhdpi 文件夹中。

(5) 把这张图像复制两份,并按与原图 3:4 和 1:2 比例分别缩放。

(6) 将副本分别放在 drawable-hdpi 和 drawable-mdpi 目录中。

现在,这些变体将体现在项目资源管理器中,如图 2-5 所示。

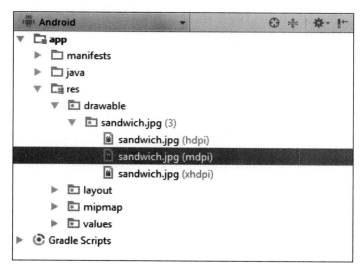

图   2-5

现在我们可以放心,应用程序只会根据设备的屏幕密度下载最适合、内存效率最高的图像资源。要查看图像,请将以下图像视图添加到项目的 activity_main.xml 文件中。

```
<ImageView
    android:layout_width="wrap_content"
    android:layout_height="wrap_content"
    android:src="@drawable/sandwich" />
```

可以在模拟器或真机上的预览屏幕查看输出,如图 2-6 所示。

图　2-6

这种方法的好处在于，一旦正确指定了图像的变体，就可以简单地将其称为@drawable/sandwich，并且可以忽略它当前所在的真机或它存储在哪个目录中。

这使得我们可以自由地探索如何将图像作为界面的一部分。

2.4　创建卡片视图

卡片视图是最容易识别的 Material Design 组件之一。它旨在显示单个主题的几段内容，这些内容通常是图形、文本、动作按钮和图标的组合。卡片是用统一的方式呈现选择的好方法，所以使用卡片来展示三明治原料和相关信息（如价格或热值）是一个不错的选择。我们将使用上一章中的工厂模式来实现。但是在了解如何修改代码之前，让我们先看看如何实现卡片视图。

2.4.1　了解卡片视图的属性

如果你的最低目标 SDK 是 21 或更高版本，那么标准小部件中已经包含了 **CardView**。否则，需要添加 cardview 支持库；通过在 build.gradle 文件中添加以下代码，可以轻松地添加。

```
dependencies {
    compile fileTree(dir: 'libs', include: ['*.jar'])
    testCompile 'junit:junit:4.12'
    compile 'com.android.support:appcompat-v7:23.4.0'
    compile 'com.android.support:cardview-v7:23.4.0'
}
```

正如支持库的名称所示，卡片视图只支持 API 7 以上的级别。

了解如何编辑 build.gradle 十分有用，但我们不需要手动编辑 build.gradle 文件，因为它可以通过 File | Project Structure...（文件 | 项目结构...）菜单，选择如图 2-7 所示的项目来实现。

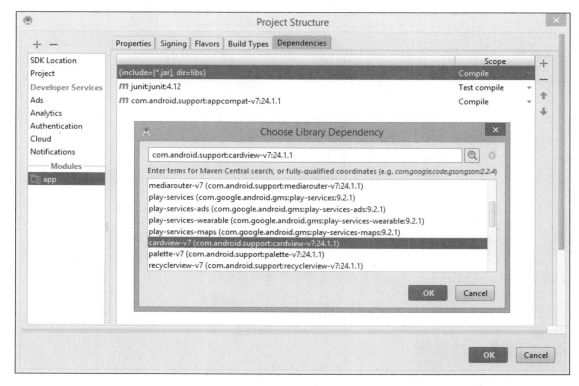

图 2-7

一些开发者使用+号代替支持库的版本号，如 com.android.support:cardview-v7:23.+。这是对支持库未来的预期[①]。这样写通常没什么问题，但是不能保证应用程序不会在以后发生崩溃。在开发过程中使用已编译的 SDK 版本，然后在发布后定期更新应用程序，这样做虽然更费时，但是更明智。

在将卡片视图添加到布局之前，需要重建项目。首先，需要设置卡片的一些属性。打开 res/values/dimens.xml 文件并添加以下三个新尺寸：

```
<dimen name="card_height">200dp</dimen>
<dimen name="card_corner_radius">4dp</dimen>
<dimen name="card_elevation">2dp</dimen>
```

现在，可以把卡片作为一个小部件加入主活动的 XML 文件中：

---

① +号是动态依赖，支持库会自动更新。——译者注

```
<android.support.v7.widget.CardView
    xmlns:card_view="http://schemas.android.com/apk/res-auto"
    android:layout_width="match_parent"
    android:layout_height="@dimen/card_height"
    android:layout_gravity="center"
    card_view:cardCornerRadius="@dimen/card_corner_radius"
    card_view:cardElevation="@dimen/card_elevation">
</android.support.v7.widget.CardView>
```

使用阴影，不仅让界面拥有一个三维外观，还可以图形化显示布局的层次结构，让用户明白哪些功能可用。

如果你花了一些时间查阅卡片视图的属性，就会注意到 translationZ 属性，似乎这个属性与 elevation 属性有同样的效果。但是，elevation 属性会设置卡片的绝对高度，而 translationZ 的设置是相对的，其值将从当前的高度中增加或减少。

我们已经创建了一个卡片视图，可以参考 Material Design 指南填写属性，使用它显示我们的三明治原料。

2.4.2　应用 CardView 参数

设计指南对字体、内边距和比例等问题做了非常清晰的指导。一旦开始使用 Coordinator-Layout，很多配置将自动设置。但现在，我们最好看一下这些参数是如何使用的。

这里，我们将创建一个视图，包含一幅图像、三个文本项和一个动作按钮。卡片可以被视为容器对象，因此通常包含根布局。根布局可以直接放在卡片视图内部，但是如果将卡片内容创建为单独的 XML 布局，可以使代码可读性更强且更加灵活。

下一个练习至少需要一幅图像。依据 Material Design，拍摄的图像应该清晰、明亮、简单，并呈现出单一、清晰的主题。例如，如果我们想在菜单中添加咖啡，图 2-8 中左边的图像更合适。

图　2-8

卡片的图像宽高比需要为 16：9 或 1：1。这里，我们将使用 16：9 的图像。理想情况下，我们应该生成适合不同屏幕密度的缩放版本，但由于这只是一个演示，我们可以偷懒，将原图直接放入 drawable 文件夹即可。这种方法远不是最佳实践，但对于初步测试来说是可以的。

获取并保存图像后，下一步是为卡片创建一个布局。

(1) 从项目资源管理器中，选择 New | XML | Layout XML File（新建|XML|XML 布局文件），布局名为 card_content.xml。它的根布局应该是垂直方向的线性布局，代码应该如下所示。

```
<LinearLayout xmlns:android="http://schemas.android.com/apk/res/android"
    android:id="@+id/card_content"
    android:layout_width="match_parent"
    android:layout_height="match_parent"
    android:orientation="vertical">
</LinearLayout>
```

(2) 使用图形编辑器或文本编辑器，创建的布局结构需要匹配如图 2-9 所示的**组件树**。

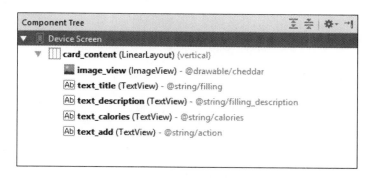

图   2-9

(3) 现在，在主活动的布局文件中，把上述布局添加到卡片视图中，如下所示。

```
<android.support.v7.widget.CardView
    android:id="@+id/card_view"
    android:layout_width="match_parent"
    android:layout_height="wrap_content">

    <include
        android:id="@+id/card_content"
        layout="@layout/card_content" />

</android.support.v7.widget.CardView>
```

虽然 elevation 属性值可以编辑，但是建议将卡片视图的 elevation 属性设置为 2 dp，除非它被选中或正在移动，这种情况下，建议将 elevation 属性设置为 8 dp。

毫无疑问，强烈建议 XML 资源中的字符串不要使用硬编码。不出意外，使用硬编码会使得应用程序无法被翻译成其他语言。但是，在布局设计的早期阶段，使用一些占位符值有助于了解布局的外观。稍后，我们将使用 Java 来控制卡片的内容，并根据用户输入修改内容，但现在，我们将选择一些典型的值，以便轻松且快速地查看设置的效果。为了查看如何进行上述操作，请将以下属性或等效属性添加到 values 目录下的 strings.xml 文件中。

```xml
<string name="filling">Cheddar Cheese</string>
<string name="filling_description">A ripe and creamy cheddar from the south west</string>
<string name="calories">237 kcal per slice</string>
<string name="action">ADD</string>
<string name="alternative_text">A picture of some cheddar cheese</string>
```

现在，使用这些占位符来评估我们所有的改动。我们刚刚创建的布局的预览图应如图 2-10 所示。

图　2-10

要将其转换为 Material Design 形式的组件，只需了解 Material Design 设计的一些格式和知识。

此布局的参数应该如下所示：

❏ 图像的比例必须是 16∶9；
❏ 标题文本应为 24 sp；
❏ 描述性文字是 16 sp；
❏ 文本右下角和左下角的边距为 16 dp；
❏ 标题文本上方的边距为 24 dp；
❏ 动作文本为 24 sp，并且颜色从主色中选取。

通过属性面板或者直接编辑 XML，可以轻松地设置这些属性。因为有一些事情没有提及，所以单独查看一下每个元素是很值得的。

首先，必须指出的是，这些值不应该在代码中逐字描述（像下面的代码片段中那样）。

例如，android:paddingstart="24dp"，应该像 android:paddingstart="@dimen/text_paddingstart"这样进行编码。在 dimens.xml 文件中定义 text_paddingstart。此处这些值使用硬编码，只是为了简化说明。

顶部的图像视图代码应如下所示。

```
<ImageView
    android:id="@+id/image_view"
    android:layout_width="match_parent"
    android:layout_height="wrap_content"
    android:contentDescription="@string/alternative_text"
    android:src="@drawable/cheddar" />
```

代码非常直观，不过需要注意 contentDescription 属性的使用。视力受损的用户设置了可访问性选项后，可以通过设备的语音合成器读取图像的描述（contentDescription 属性）来欣赏图像。

以下是三个文本视图。

```
<TextView
    android:id="@+id/text_title"
    android:layout_width="wrap_content"
    android:layout_height="wrap_content"
    android:paddingEnd="24dp"
    android:paddingStart="24dp"
    android:paddingTop="24dp"
    android:text="@string/filling"
    android:textAppearance="?android:attr/textAppearanceLarge"
    android:textSize="24sp" />

<TextView
    android:id="@+id/text_description"
    android:layout_width="wrap_content"
    android:layout_height="wrap_content"
    android:paddingEnd="24dp"
    android:paddingStart="24dp"
    android:text="@string/filling_description"
    android:textAppearance="?android:attr/textAppearanceMedium"
    android:textSize="14sp" />

<TextView
    android:id="@+id/text_calories"
    android:layout_width="wrap_content"
    android:layout_height="wrap_content"
    android:layout_gravity="end"
    android:paddingBottom="8dp"
    android:paddingStart="16dp"
    android:paddingEnd="16dp"
    android:paddingTop="16dp"
    android:text="@string/calories"
    android:textAppearance="?android:attr/textAppearanceMedium"
    android:textSize="14sp" />
```

这些代码也很容易理解。真正需要指出的是，使用 `Start` 和 `End`，而不是 `Left` 和 `Right` 来定义 `padding` 和 `gravity`，因为这有助于在把文本翻译成从右到左运行的语言时的布局适配。代码中还包含了 `textAppearance` 属性，因为直接设置了文本的大小，所以这个属性可能看起来是多余的。但 `textAppearanceMedium` 等属性非常有用，因为它们不仅会根据自定义主题自动应用文本颜色，还会根据用户私人设置的全局文本大小调整其大小。

在底部会有一个动作按钮，因为它使用的是文本视图而不是按钮，所以可能需要做一些解释。XML 如下所示。

```
<TextView
    android:id="@+id/text_add"
    android:layout_width="wrap_content"
    android:layout_height="wrap_content"
    android:layout_gravity="end"
    android:clickable="true"
    android:paddingBottom="16dp"
    android:paddingEnd="40dp"
    android:paddingLeft="16dp"
    android:paddingRight="40dp"
    android:paddingStart="16dp"
    android:paddingTop="16dp"
    android:text="@string/action"
    android:textAppearance="?android:attr/textAppearanceLarge"
    android:textColor="@color/colorAccent"
    android:textSize="24sp" />
```

这里似乎应该使用按钮（Button）小部件，但出于两个原因我们选择了文本视图。首先，Android 建议使用**平面按钮**，在卡片视图中只有文本视图可见。其次，触发操作的可触摸区域需要大于文本本身，这可以通过像以前一样设置 `padding` 属性轻松实现。要使文本视图可以像按钮一样工作，只需要添加一行 `android:clickable="true"`。

现在，我们做好的卡片看起来应该如图 2-11 所示。

图 2-11

卡片视图的设计还有很多内容，不过对于我们所需遵循的原则，这是一个很好的介绍。下面看看如何将这些呈现对象的新方法反映到工厂模式代码上。

2.4.3   更新工厂模式

设计模式的美妙之处在于它们可以轻松地适应我们想要做出的任何改变。如果想的话，我们可以保持工厂代码不变，并使用单个字符串输出将客户端代码直接定向到适宜的数据集。不过，适配略为复杂的原料对象，更符合模式的本质。

现在，上一章中的代码结构思路有了回报。虽然我们需要编辑接口和具体示例，但可以将工厂类保留原样，这很好地证明了模式的其中一个优势。

依照用于创建卡片的四个条件，我们的新接口应该如下所示。

```
public interface Bread {

    String image();
    String name();
    String description();
    int calories();
}
```

单个对象示例如下所示。

```
public class Baguette implements Bread {

    @Override
    public String image() {
        return "R.drawable.baguette";
    }

    @Override
    public String name() {
        return "Baguette";
    }

    @Override
    public String description() {
        return "Fresh and crunchy";
    }

    @Override
    public int calories() {
        return 150;
    }
}
```

随着发展，对象将需要更多的属性，比如价格，以及它们是素食还是坚果。随着对象变得越来越复杂，我们将不得不使用更复杂的方式来管理数据。但原则上讲，这里用的方法没有任何问题。虽然它可能有些笨拙，但肯定更易阅读和维护。工厂模式显然非常有用，但它们只创建了单个对象。为了更真实地建模一个三明治，我们需要将 ingredient 对象组合到一起，并将整个集合视为一个 sandwich 对象。这时建造者模式就派上用场了。

2.5　应用建造者模式

建造者设计模式是最有用的创建型模式之一，因为它将较小的对象构建成较大的对象。这正是我们想要做的——从原料列表中构建出一个三明治对象。建造者模式还有一个更大的优势，就是以后可以很容易地增加可选功能。和以前一样，先要创建一个称为 Ingredient 的接口，并用它来表示 Bread 和 Filling。这一次需要将热值表示为整数类型，因为我们需要计算成品三明治的总热量。

打开一个 Android Studio 项目或启动一个新项目，然后按照以下步骤创建一个基本的三明治建造者模式。

(1) 创建一个名为 Ingredient.java 的新接口，用如下代码实现：

```
public interface Ingredient {

    String name();
    int calories();
}
```

(2) 创建一个名为 Bread 的抽象类：

```
public abstract class Bread implements Ingredient {

    @Override
    public abstract String name();

    @Override
    public abstract int calories();
}
```

(3) 创建一个一样的抽象类——Filling。

(4) 接下来，创建 Bread 的具体类：

```
public class Bagel extends Bread {

    @Override
    public String name() {
        return "Bagel";
    }

    @Override
    public int calories() {
        return 250;
    }
}
```

(5) 对 `Filling` 类进行相同的操作。每种类型定义两个类，已经足够达到演示的目的：

```java
public class SmokedSalmon extends Filling {

    @Override
    public String name() {
        return "Smoked salmon";
    }

    @Override
    public int calories() {
        return 400;
    }
}
```

(6) 现在可以创建 Sandwich 类：

```java
public class Sandwich {
    private static final String DEBUG_TAG = "tag";

    //创建持有原料的列表
    private List<Ingredient> ingredients = new ArrayList<Ingredient>();

    //计算总热值
    public void getCalories() {
        int c = 0;

        for (Ingredient i : ingredients) {
            c += i.calories();
        }

        Log.d(DEBUG_TAG, "Total calories : " + c + " kcal");
    }

    //添加原料
    public void addIngredient(Ingredient ingredient) {
        ingredients.add(ingredient);
    }

    //输出原料
    public void getSandwich() {

        for (Ingredient i : ingredients) {
            Log.d(DEBUG_TAG, i.name() + " : " + i.calories() + " kcal");
        }
    }

}
```

(7) 最后，创建 `SandwichBuilder` 类：

```java
public class SandwichBuilder {

    //现成的三明治
    public static Sandwich readyMade() {
        Sandwich sandwich = new Sandwich();
```

```
        sandwich.addIngredient(new Bagel());
        sandwich.addIngredient(new SmokedSalmon());
        sandwich.addIngredient(new CreamCheese());

        return sandwich;
    }

    //定制三明治
    public static Sandwich build(Sandwich s, Ingredient i) {

        s.addIngredient(i);
        return s;
    }
}
```

建造者设计模式已经完成，至少目前如此，如图 2-12 所示。

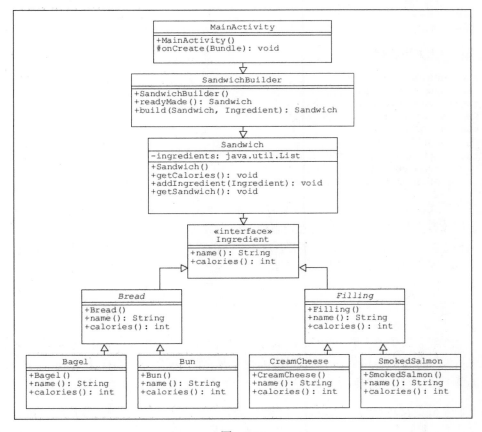

图　2-12

这里，我们为建造者提供了两个功能：返回现成的三明治和用户定制的三明治。现在还没有可使用的界面，但是我们可以通过客户端代码模拟用户的选择。

我们还将输出的职责委托给了 Sandwich 类，这通常是一个明智的选择，因为这有助于保持客户端代码整洁和清晰，正如下边的代码所示：

```
//创建一个定制的三明治
SandwichBuilder builder = new SandwichBuilder();
Sandwich custom = new Sandwich();
//模拟用户的选择
custom = builder.build(custom, new Bun());
custom = builder.build(custom, new CreamCheese());
Log.d(DEBUG_TAG, "CUSTOMIZED");
custom.getSandwich();
custom.getCalories();

//创建一个现成的三明治
Sandwich offTheShelf = SandwichBuilder.readyMade();
Log.d(DEBUG_TAG, "READY MADE");
offTheShelf.getSandwich();
offTheShelf.getCalories();
```

代码将产生如下输出：

```
D/tag: CUSTOMIZED
D/tag: Bun : 150 kcal
D/tag: Cream cheese : 350 kcal
D/tag: Total calories : 500 kcal
D/tag: READY MADE
D/tag: Bagel : 250 kcal
D/tag: Smoked salmon : 400 kcal
D/tag: Cream cheese : 350 kcal
D/tag: Total calories : 1000 kcal
```

建造者最大的优点之一是非常容易添加、删除和修改具体类，甚至在修改接口或抽象类时，也不需要修改客户端源代码。这使得建造者模式成为最强大的模式之一，它可以在许多场景下使用。这并不是说，它总是比工厂模式更好。对于简单的对象，工厂模式通常是最好的选择。当然，模式存在于不同的尺度上，工厂模式嵌套在建造者模式中并不罕见，反之亦然。

2.6　小结

这一章详细介绍了如何展示我们的产品。对于任何成功的应用程序来说，这都是至关重要的。我们了解了如何管理色彩和文本，接着讨论了一个更重要的问题——当应用程序可能在大量不同密度的屏幕上运行时，该如何适配。

接下来介绍了 Material Design 最常用的组件之一——卡片视图，并强调了支持库的重要性，尤其是设计库。我们需要进一步研究这个库，因为该库对于创建应用程序所需的布局和交互非常重要。下一章将讨论更多这类视觉元素，重点介绍更常见的 Material 组件，例如应用程序栏（app-bar）和滑动式抽屉（SlidingDrawer）。

第3章

Material 模式

3

到目前为止，我们已研究了如何通过使用设计模式创建对象和对象集合，以及如何使用 CardView 来显示它们。在开始制作可用的应用程序之前，需要考虑如何让用户输入选项。在移动设备上，有许多方法可以从用户那里收集信息，例如使用菜单、按钮、图标和对话框。Android 在使用 Material Design 的布局时，通常有一个应用程序栏（以前称为操作栏），它通常位于屏幕顶部，状态栏下方。Android 布局通常使用滑动式导航抽屉来访问应用程序的顶级功能。

使用支持库，尤其是**设计库**，通常可以非常容易地实现导航栏等 Material 模式。Material Design 包含特有的视觉模式，这有助于促进 UI 的最佳实践。本章将讲解如何实现**应用程序栏**和**导航视图**，并探索 Material Design 提供的一些视觉模式，最后大致介绍单例模式。

在本章，你将学到以下内容：

- ❑ 将操作栏替换为应用程序栏；
- ❑ 使用 Asset Studio 添加动作图标；
- ❑ 使用应用程序栏动作；
- ❑ 在运行时操作应用程序栏；
- ❑ 使用抽屉布局；
- ❑ 添加菜单和子菜单；
- ❑ 使用比例关键设计线（ratio keyline）；
- ❑ 使用抽屉监听器；
- ❑ 将碎片（fragment）添加到应用程序中；
- ❑ 管理碎片返回栈。

3.1 应用程序栏

Android 应用程序在屏幕顶部总是有一个工具栏，该区域称作操作栏，通常用于显示标题和顶级菜单。自 Android 5（API 21）Material Design 开始，可以用更灵活的应用程序栏来替代操作栏。应用程序栏允许设置颜色，可以放置在屏幕上的任意位置，并且比操作栏包含更多的内容。

大多数 Android Studio 模板使用的主题默认包含旧的操作栏，首先我们需要做的是删除旧版本。要学习如何删除旧的操作栏并将其替换为自定义应用程序栏，请按以下步骤操作。

(1) 新建一个 Android 项目，使用空活动(empty activity)模板，并使用主题编辑器设置 Material 主题。

(2) 打开 styles.xml 文件，像下面这样编辑 style 定义：

```
<style name="AppTheme" parent="Theme.AppCompat.Light.NoActionBar">
```

(3) 在 activity_main.xml 旁创建一个叫作 toolbar.xml 的 XML 文件。

(4) 编辑该 XML 文件，内容如下所示：

```
<android.support.v7.widget.Toolbar
    xmlns:android="http://schemas.android.com/apk/res/android"
    android:id="@+id/toolbar"
    android:layout_width="match_parent"
    android:layout_height="?attr/actionBarSize"
    android:background="?attr/colorPrimary"
    android:theme="@android:style/Theme.Material"
    android:translationZ="4dp" />
```

(5) 在 activity_main.xml 文件中添加以下元素。

```
<include
    android:id="@+id/toolbar"
    layout="@layout/toolbar" />
```

(6) 最后，编辑 dimens.xml 文件中的 margin 值：

```
<resources>
    <dimen name="activity_horizontal_margin">0dp</dimen>
    <dimen name="activity_vertical_margin">0dp</dimen>
</resources>
```

此工具栏和其他 ViewGroup 一样，都位于根布局中。因此，它不会像旧的操作栏那样与屏幕边缘齐平，这就是需要调整布局 margin 的原因。稍后会用到 CoordinatorLayout，它会自动实现大部分内容。但目前，了解工具栏的工作原理非常有用。

工具栏现在的位置和阴影与原来的一样，但是没有任何内容或功能。可以通过编辑 Java 部分中活动的 onCreate() 完成替换，如下所示：

```
@Override
protected void onCreate(Bundle savedInstanceState) {
    super.onCreate(savedInstanceState);
    setContentView(R.layout.activity_main);

    Toolbar toolbar = (Toolbar) findViewById(R.id.toolbar);
    if (toolbar != null) {
        setSupportActionBar(toolbar);
    }
}
```

　　此处可能会产生一个报错，因为有两个可以导入的库。按 Alt+Enter 并选择 Toolbar 的支持版本，如图 3-1 所示。

```
public class MainActivity extends AppCompatActivity {

    @Override
    protected void onCreate(Bundle savedInstanceState) {
        super.onCreate(savedInstanceState);
        setContentView(R.layout.activity_main);

        Toolbar toolbar = (Toolbar) findViewById(R.id.toolbar);
        if (toolbar != null) {
            setSupportActionBar(toolbar);
        }
    }
}
```

	Class to Import	
© ⓑ Toolbar (android.support.v7.widget)	appcompat-v7-23.4.0 (classes.jar)	►
© ⓑ Toolbar (android.widget)	< Android API 23 Platform > (android.jar)	►

图　3-1

　　当编写 Java 代码时，为了节省时间，可以修改设置，自动导入代码中包含的 Java 库。在 File | Settings（文件|设置）菜单下，选择 Editor | General | Auto Import（编辑器|常规|自动导入），即可实现自动导入。

　　当在 API 20 或者更低版本的模拟器上测试项目时，很容易发现 AppCompat 主题的一个缺点——虽然使用 colorPrimaryDark 为状态栏声明了一种颜色，但状态栏仍是黑色的，如图 3-2 所示。API 21 及其更高版本不存在这个问题。

图　3-2

　　不过，考虑到现在可延伸的用户人数，上述问题以及缺乏自然阴影问题的代价很小。

现在已用工具栏替换了老式的操作栏，并将其设置为应用程序栏（有时称为主工具栏）。下面将更深入地了解它的工作方式，以及如何通过 Asset Studio 选择符合 Material 的动作图标。

3.1.1　图像资源

应用程序栏可以包含文本菜单，但是由于空间有限，使用图标更为常见。Android Studio 通过其 Asset Studio 提供了一组可用的 Material 图标。要使用这些图标，请遵循以下步骤。

(1) 在项目资源管理器中，从 drawable 文件夹的菜单中，选择 New | Image Asset（新建|Image Asset）。

(2) 然后选择 Action Bar and Tab Icons（操作栏和选项卡图标）作为 Asset Type（资源类型），单击 Clipart（剪贴画图标），从剪贴画集合中选择一个图标，如图 3-3 所示。

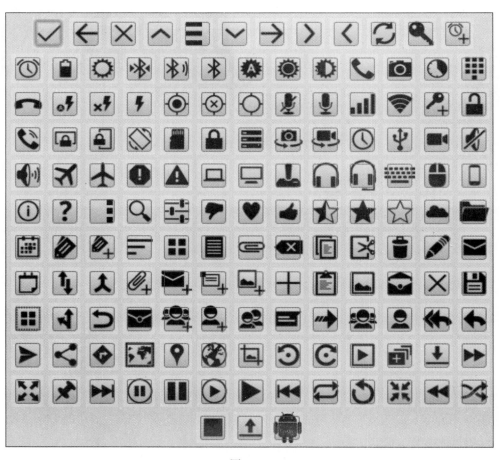

图　3-3

(3) 此图标一定是修整过的，内边距是 0%。

(4) 根据工具栏背景颜色是浅色还是深色选择主题。

(5) 提供合适的名称，然后单击 Next（下一步），如图 3-4 所示。

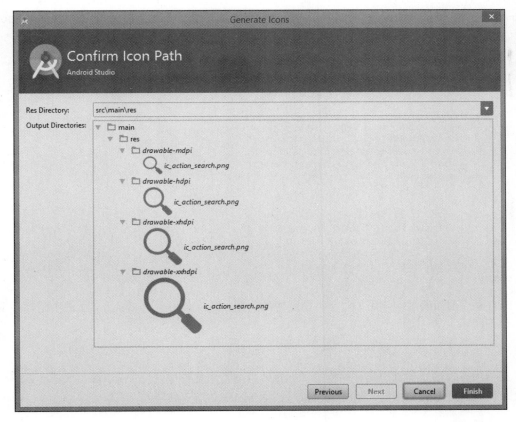

图　3-4

 更大的 Material 图标集合可以从 Google 的 Material Design 网站 Icons 页面下载。

　　Asset Studio 可以自动生成 4 种屏幕密度的图标，并将它们放置在正确的文件夹中，以便将它们部署在适当的设备上。它甚至还应用了 Material Design 中图标所需的 **54%不透明黑色**。为了将图标加到应用程序栏中，需要在相应的菜单项中添加一个图标属性。稍后，导航抽屉将提供顶级功能访问。但要了解如何使用应用程序栏，需要添加一个搜索功能。为此功能所选择的图标，称作 ic_action_search。

3.1.2　使用动作

动作图标保存在 drawable 文件夹中，通过在菜单 XML 文件中添加菜单项，可以将动作图标添加到操作栏中。根据首次创建项目时使用的模板，可能需要添加一个新目录 res/menu 和一个名为 main.xml 或 mena_main.xml 的文件。无论使用什么文件名，只要是通过 New | Menu resource file（新建|菜单资源文件）创建的文件就可以。可以按如下所示添加动作：

```
<menu xmlns:android="http://schemas.android.com/apk/res/android"
    xmlns:app="http://schemas.android.com/apk/res-auto"
    xmlns:tools="http://schemas.android.com/tools"
    tools:context="com.example.kyle.appbar.MainActivity">

    <item
        android:id="@+id/action_settings"
        android:orderInCategory="100"
        android:title="@string/app_name"
        app:showAsAction="collapseActionView" />

    <item
        android:id="@+id/action_search"
        android:icon="@drawable/ic_action"
        android:orderInCategory="100"
        android:title="@string/menu_search"
        app:showAsAction="ifRoom" />
</menu>
```

请注意，前面的示例使用了对字符串资源的引用，因此必须在 strings.xml 文件中附加一个定义，如下所示：

```
<string name="menu_search">Search</string>
```

菜单项会自动添加到应用程序栏中，标题取自字符串文件中 string name="app_name"的定义。当以这种方式构造时，组件的位置是依据 Material 指南确定的。

要查看实际运行情况，请执行以下步骤。

(1) 打开 Java 代码中的主活动并添加字段：

```
private Toolbar toolbar;
```

(2) 然后，在 onCreate()方法中添加以下代码：

```
Toolbar toolbar = (Toolbar) findViewById(R.id.toolbar);
    if (toolbar != null) {
        setSupportActionBar(toolbar);
    }

toolbar = (Toolbar) findViewById(R.id.toolbar);
toolbar.setTitle("A toolbar");
toolbar.setSubtitle("with a subtitle");
```

(3) 最后，将以下方法添加到活动中：

```
@Override
public boolean onCreateOptionsMenu(Menu menu) {
    MenuInflater inflater = getMenuInflater();
    inflater.inflate(R.menu.menu_main, menu);
    return true;
}
```

现在，应该能在设备或模拟器上看到新的工具栏了，如图 3-5 所示。

图 3-5

可以在工具栏中添加任何想要的视图，使工具栏比旧的操作栏更加实用。工具栏中可以同时包含多个视图，通过使用布局的 gravity 属性可以将它们放置在任意位置上。正如之前看到的标题和副标题，工具栏拥有自己特定的方法。我们也可以用这些方法添加图标和 logo。但在这样做之前，最好先根据 Material Design 指南探索应用程序栏的最佳实践。

3.1.3 应用程序栏结构

虽然这里使用的技术符合 Material 指南（除了确保其高度外，无须做太多的工作），但有些时候也会使用自定义的工具栏布局替换操作栏。此时，需要知道的是如何对组件进行空间和位置的调整。这些对于平板计算机和台式机来说，略有不同。

1. 手机

对于应用程序栏，只需记住几个简单的结构规则即可。这些规则涵盖外边距（margin）、内边距（padding）、宽度（width）、高度（height）和位置（positioning）。它们在不同平台、屏幕方向上不同。

- ❑ 纵向模式下应用程序栏的 layout_height 为 56 dp，横向为 48 dp。
- ❑ 应用程序栏填充满屏幕宽度或是宽度等同内部列宽，二者择其一。layout_width 有 match_parent 的属性值。
- ❑ 应用程序栏的 elevation 比它控制的 Material 表单的 elevation 要大 2 dp。
- ❑ 上述规则的例外情况是，如果一个卡片或对话框有自己的工具栏，那么两者可以共享相同的 elevation。

□ 应用程序栏的 `padding` 精确为 `16 dp`，这意味着内部的图标不能有自己的 `padding` 或 `margin`，图标边距与此边界共享，如图 3-6 所示。

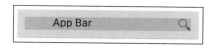

图　3-6

□ 标题文本的颜色取自主题的主文本颜色，图标的颜色取自次文本颜色。
□ 标题应该位于距工具栏左侧 `72 dp`、底部 `20 dp` 处。即使扩展工具栏，此规则也适用，如图 3-7 所示。

图　3-7

□ 标题的文字大小设置为 `android:textAppearance="?android:attr/textAppearanceLarge"`。

2. 平板计算机

在为平板计算机和台式机构建应用程序栏时，规则是相同的，但以下情况除外。

□ 工具栏高度始终为 `64 dp`。
□ 标题缩进 `80 dp`，且在栏扩展时不会向下移动。
□ 应用程序栏的 `padding` 是 `24 dp`，顶部除外，顶部是 `20 dp`。

根据 Material 指南，我们已成功地构建了一个应用程序栏。动作图标如果不执行某个动作，就没有任何用处。本质上讲，当应用程序栏假定操作栏功能时，它实际上只是一个指向菜单的入口。我们稍后将返回学习菜单和对话框，但现在需要快速了解如何使用 Java 代码在运行时操作工具栏。

旧操作栏的改变使工具栏成为了一个更简单、更直观的放置全局操作的视图。然而，空间有限，对于更复杂的图形化导航组件，可以使用滑动式抽屉。

3.2　导航抽屉

虽然滑动式抽屉可以在屏幕任意一侧显示，但导航抽屉应该一直位于屏幕左侧，并且导航抽屉的 `elevation` 属性值应该比除状态栏和导航栏之外的所有其他视图的值更高。可以将导航抽屉想象成一个大部分时间隐藏在屏幕边缘的常驻固定物，如图 3-8 所示。

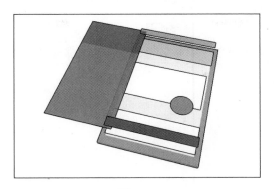

图　3-8

　　在有设计库之前，诸如导航视图之类的组件只能通过其他视图来构建。虽然库极大地简化了这一过程，并帮我们省去了必须手动执行许多 Material 原则的麻烦，但仍有一些指导准则需要注意。最好的领悟方式是从头开始创建一个导航滑动式抽屉。这会涉及创建布局、应用相关组件比例的 Material 指导方针，以及用代码将以上内容连接在一起。

3.2.1　抽屉结构

　　当设置项目时，你应该会注意到 Android Studio 提供了一个 Navigation Drawer Activity（导航抽屉式活动）模板。这个模板创建了大部分我们可能需要的结构，而且可以大幅节省工作量。当我们决定了"三明治制作应用程序"要包含哪些功能后，就会使用该模板。不过，从零开始加入一项功能，学习它是如何工作的，更具指导意义。考虑到这一点，我们将创建一个抽屉布局，通过 Asset Studio 可以轻松获取所需的图标。

　　(1) 打开一个 Android Studio 项目，最低 SDK 版本为 21 或更高，为其提供自定义的颜色和主题。

　　(2) 将以下代码添加到 styles.xml 文件中。

```
<item name="android:statusBarColor">
@android:color/transparent
</item>
```

　　(3) 确保有以下编译依赖。

```
compile 'com.android.support:design:23.4.0'
```

　　(4) 如果没有使用上一节的项目，则创建名为 toolbar.xml 的应用程序栏布局。

　　(5) 打开 activity_main，替换为以下代码。

```
<android.support.v4.widget.DrawerLayout
    xmlns:android="http://schemas.android.com/apk/res/android"
```

```
xmlns:app="http://schemas.android.com/apk/res-auto"
xmlns:tools="http://schemas.android.com/tools"
android:id="@+id/drawer"
android:layout_width="match_parent"
android:layout_height="match_parent"
android:fitsSystemWindows="true"
tools:context=".MainActivity">

<LinearLayout
    android:layout_width="match_parent"
    android:layout_height="match_parent"
    android:orientation="vertical">

    <include
        android:id="@+id/toolbar"
        layout="@layout/toolbar" />

    <FrameLayout
        android:id="@+id/fragment"
        android:layout_width="match_parent"
        android:layout_height="match_parent">
    </FrameLayout>

</LinearLayout>

<android.support.design.widget.NavigationView
    android:id="@+id/navigation_view"
    android:layout_width="wrap_content"
    android:layout_height="match_parent"
    android:layout_gravity="start"
    app:headerLayout="@layout/header"
    app:menu="@menu/menu_drawer" />

</android.support.v4.widget.DrawerLayout>
```

如你所见，此处的根布局是支持库中提供的 **DrawerLayout**。注意 fitsSystemWindows 属性，这是抽屉可以延伸到屏幕顶部状态栏下面的原因。在样式中将 statusBarColor 设置为 android:color/transparent 后，透过状态栏可以看到抽屉。

即便使用了 AppCompat，在 Android 版本低于 5.0（API 21）的设备上也无法显示出此效果。不仅如此，这种设置还会改变 header 外观的宽高比，并会对图像进行裁剪。为此，请创建一个不设置 fitsSystemWindows 属性的 styles.xml 替代资源。

布局的其余部分由线性布局（LinearLayout）和**导航视图**（NavigationView）组成。线性布局中包含应用程序栏和空的**帧布局**（FrameLayout）。帧布局是最简单的布局，只包含一个项，通常用作占位符。在当前情况下，它将包含用户从导航菜单中选择的内容。

从前面的代码可以看出，需要一个 header 的布局文件和抽屉的菜单文件。header.xml 文件应该在 layout 目录中创建，示例如下所示。

```
<?xml version="1.0" encoding="utf-8"?>
<RelativeLayout xmlns:android="http://schemas.android.com/apk/res/android"
    android:layout_width="match_parent"
    android:layout_height="header_height"
    android:background="@drawable/header_background"
    android:orientation="vertical">

    <TextView
        android:id="@+id/feature"
        android:layout_width="wrap_content"
        android:layout_height="wrap_content"
        android:layout_above="@+id/details"
        android:gravity="left"
        android:paddingBottom="8dp"
        android:paddingLeft="16dp"
        android:text="@string/feature"
        android:textColor="#FFFFFF"
        android:textSize="14sp"
        android:textStyle="bold" />

    <TextView
        android:id="@+id/details"
        android:layout_width="wrap_content"
        android:layout_height="wrap_content"
        android:layout_alignStart="@+id/feature"
        android:layout_alignParentBottom="true"
        android:layout_marginBottom="16dp"
        android:gravity="left"
        android:paddingLeft="16dp"
        android:text="@string/details"
        android:textColor="#FFFFFF"
        android:textSize="14sp" />
</RelativeLayout>
```

需要将以下值添加到 dimens.xml 文件中：

```
<dimen name="header_height">192dp</dimen>
```

如你所见，这里的 header 需要一个图像。此处它被称为 `header_background`，宽高比应为 4∶3。

如果在具有不同屏幕密度的设备上测试此布局，就可以看到此宽高比无法保持。通过使用配置限定符（与管理图像资源类似的方式）可以轻松应对此问题。为此，请遵循以下几个简单的步骤。

(1) 为每种密度范围创建新目录，例如 values-ldpi、values-mdpi，等等，直到 values-xxxhdpi。
(2) 在每个文件夹中，复制出一份 dimens.xml 文件。
(3) 在每个文件夹中，分别设置匹配该屏幕密度的 `header_height` 值。

菜单文件名为 menu_drawer.xml，应放在 menu 目录下，你可能需要创建该目录。每个菜单项都有一个关联的图标，这些图标都可以在 Asset Studio 中找到。代码如下所示。

```xml
<?xml version="1.0" encoding="utf-8"?>
<menu xmlns:android="http://schemas.android.com/apk/res/android">

    <item
        android:id="@+id/drama"
        android:icon="@drawable/drama"/>

    <item
        android:id="@+id/film"
        android:icon="@drawable/film"/>

    <item
        android:id="@+id/sport"
        android:icon="@drawable/sport"/>

    <item
        android:id="@+id/news">
        <menu>
            <item
                android:id="@+id/national"
                android:icon="@drawable/news"/>

            <item
                android:id="@+id/international"
                android:icon="@drawable/international"/>

        </menu>
    </item>
</menu>
```

多亏了设计库，滑动式抽屉和导航视图的大多数度量（如外边距和文本大小）处理好了，但抽屉 header 的文本大小、位置和颜色还没有被处理。虽然文本和 header 共享背景，但文本应当作一个高为 56 dp，内部内边距为 16 dp，行间距为 8 dp 的组件。此外，正确的文本颜色、大小和权重都可以从前面的代码中衍生出来。

3.2.2　比例关键设计线

当一个元素（例如滑动式抽屉）填满屏幕的整个高度，且像抽屉一样被划分成垂直的片段时，必须按照比例关键设计线分割 header 和内容，分割比即元素的宽度与分隔内容距顶部的距离之比。在 Material 布局中有 6 种允许的比例，比例定义为宽高比（width:height），如下所示（见图 3-9）：

- ❑ 16 : 9
- ❑ 3 : 2
- ❑ 4 : 3
- ❑ 1 : 1
- ❑ 3 : 4
- ❑ 2 : 3

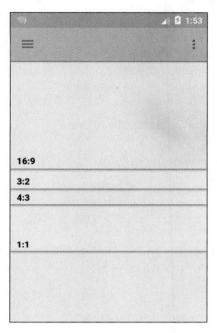

图　3-9

　　此处的示例，选择了 4∶3 的比例，并且抽屉的宽度是 256 dp。我们也可以生成一个比例为 16∶9 的 header，并将 `layout_height` 设置为 144 dp。

　　比例关键设计线仅与内含元素距离顶部的距离有关。在其下方放置一个新视图时，不能按照距离顶部 16∶9 的比例放置。但如果它从上方视图的底部延伸到另一个比例关键线的话，可以在其下方放置另外一个视图，如图 3-10 所示。

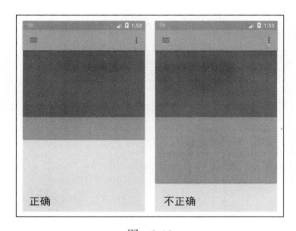

图　3-10

3.2.3 激活抽屉

接下来，就是使用 Java 实现一些代码，使布局工作。当用户与抽屉交互时，这主要是通过使用监听器回调的方法完成的。下面的步骤演示了如何实现（结果如图 3-11 所示）。

(1) 打开 MainActivity 文件并在 onCreate() 方法中添加以下代码，使工具栏替换操作栏：

```
toolbar = (Toolbar) findViewById(R.id.toolbar);
setSupportActionBar(toolbar);
```

(2) 在此下方，添加以下代码以配置抽屉：

```
drawerLayout = (DrawerLayout) findViewById(R.id.drawer);
ActionBarDrawerToggle toggle = new ActionBarDrawerToggle(this,
drawerLayout, toolbar, R.string.openDrawer, R.string.closeDrawer) {

    public void onDrawerOpened(View v) {
        super.onDrawerOpened(v);
    }


    public void onDrawerClosed(View v) {
        super.onDrawerClosed(v);
    }

};

drawerLayout.setDrawerListener(toggle);
toggle.syncState();
```

(3) 最后，添加此代码以设置导航视图：

```
navigationView = (NavigationView) findViewById(R.id.navigation_view);

navigationView.setNavigationItemSelectedListener(new
NavigationView.OnNavigationItemSelectedListener() {

    @Override
    public boolean onNavigationItemSelected(MenuItem item) {

        drawerLayout.closeDrawers();

        switch (item.getItemId()) {
            case R.id.drama:
                Log.d(DEBUG_TAG, "drama");
                return true;
            case R.id.film:
                Log.d(DEBUG_TAG, "film");
                return true;
            case R.id.news:
                Log.d(DEBUG_TAG, "news");
```

```
                      return true;
             case R.id.sport:
                    Log.d(DEBUG_TAG, "sport");
                      return true;
             default:
                      return true;
          }
       }
});
```

图　3-11

　　前面的 Java 代码可以在设备或模拟器上查看抽屉，但可选择的导航项很少，需要使其导航到应用程序的其他部分。这很容易实现，很快我们就会讲到如何操作。此外，前面的代码中还有一两个需要注意的点。

　　从 ActionBarDrawerToggle 开始的代码是打开抽屉的汉堡包图标出现在应用程序栏上的原因，也可以通过从屏幕左侧向内滑动来打开抽屉。两个字符串参数 openDrawer 和closeDrawer 是为了可访问性，为无法清楚看到屏幕的用户读出字符串内容。该部分用户可以说一些类似导航抽屉打开、导航抽屉关闭的话。虽然 onDrawerOpened() 和 onDrawerClosed()两个回调方法是空的，但它们演示了可以截获这些事件的位置。

　　drawerlayout.closedrawers() 的调用是必要的，否则抽屉将保持打开状态。这里，可以使用调试器来测试输出，但理想情况下，希望菜单将我们送往应用程序的其他部分。这不是一项困难的任务，同时也提供了一个很好的机会来介绍 SDK 中最有用、最通用的类之一——**碎片**（fragment）。

3.2.4　添加碎片

目前为止，从我们所学的内容来看，可以保险地设想在具有多个功能的应用程序中单独使用活动。虽然这种情况经常发生，但资源和活动的消耗可能会非常昂贵，且它们总是会填满整个屏幕。碎片的运行像迷你活动，既有 Java 和 XML 定义，又有许多与活动相同的回调和功能。与活动不同是，碎片不是顶级组件，必须存于宿主活动中，好处是每个屏幕可以存在多个碎片。

要学习如何执行此操作，请新建一个名为 `ContentFragment` 的 Java 类，并完成如下所示的操作，确保导入 `android.support.v4.app.Fragment` 而不是导入标准版本：

```
public class ContentFragment extends Fragment {

    @Override
    public View onCreateView(LayoutInflater inflater, ViewGroup container,
                             Bundle savedInstanceState) {
        View v = inflater.inflate(R.layout.content,container,false);
        return v;
    }
}
```

对于 XML 元素，创建一个名为 content.xml 的布局文件，并将你选择的视图或小部件放置其中。现在所需的是选中导航项时要调用的 Java 代码。

打开 MainActivity.Java 文件，并使用以下语句替换 `switch` 语句中的调试代码。

```
ContentFragment fragment = new ContentFragment();
android.support.v4.app.FragmentTransaction transaction =
        getSupportFragmentManager().beginTransaction();
transaction.replace(R.id.fragment, fragment);
transaction.addToBackStack(null);
transaction.commit();
```

这里构建的示例只用于演示抽屉式布局和导航视图的基本用法。显然，要添加任何实际功能，菜单中的每一项都需要有一个碎片以及代码 `transaction.addToBackStack(null)`。实际上，若非需要，这样写是多余的。上述代码的功能是确保系统记录下用户访问每个碎片的顺序，就像记录使用哪些活动一样。因此，当用户按下后退键时，系统将返回到前一个碎片。没有该代码，系统将返回到先前的应用程序，容器活动将被销毁。

3.2.5　右侧抽屉

作为顶级导航组件，滑动式抽屉只应从左侧滑入，并应遵循之前概述的指标。不过，从右侧滑入的抽屉是很容易实现的，一些次要功能可以使用右侧滑入的抽屉（如图 3-12 所示）。

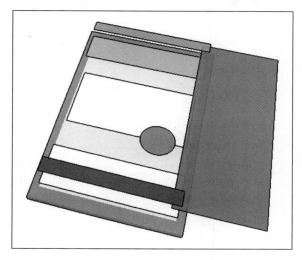

图　3-12

使滑动抽屉在右侧显示只需简单设置 `layout_gravity`，如下所示。

```
android:layout_gravity="end"
```

传统的导航视图宽度不应该超过屏幕宽度减去主应用程序栏的高度，与传统的导航视图不同，右侧抽屉可以延伸至整个屏幕。

本章所有内容都关于 UI 设计，没有任何设计模式。这里本可以使用模式，却选择了 Android 的 UI 机制。在本书后面我们会看到对于简化复杂菜单或布局的编码，外观模式是多么有用。

有一种设计模式，绝大部分地方会介绍它，它就是单例模式。这是因为绝大部分地方可以使用，其作用是提供某个对象的一个全局实例。

3.3　单例模式

单例模式是最简单的模式，但它也是最具争议性的模式之一。许多开发者认为完全没有必要使用单例模式，将类声明为静态的可以更便捷地执行相同的函数。有时候静态类是更便捷的选择，但单例模式总被滥用。虽然两种实现方式都对，但有些时候明显其中一种更可取。

- ❑ 如果希望对传递的变量执行函数，请使用静态类。例如，计算价格变量的折扣值。
- ❑ 如果需要一个完整的对象，且对象只有一个实例，并希望对象可用于程序的任意部分，请使用单例模式。例如，一个对象代表当前登录到应用程序的单个用户。

如你所想，单例模式的类图非常简单，如图 3-13 所示。

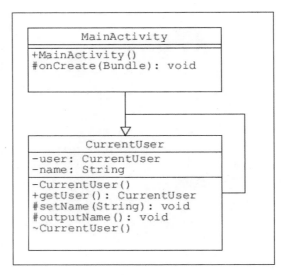

图 3-13

如图 3-13 所示,下边的示例会假设在任何时间,我们的应用程序仅有一个用户登录,并将创建一个在代码的任意部分都能访问的单例对象。

Android Studio 在项目资源管理器的 New(新建)菜单下提供了单例创建,因此我们可以从这里开始。此演示只有两个步骤,如下所示。

(1) 将这个类添加到项目中:

```java
public class CurrentUser {
    private static final String DEBUG_TAG = "tag";
    private String name;

    //创建实例
    private static CurrentUser user = new CurrentUser();

    //保护类不被实例化
    private CurrentUser() {
    }

    //返回用户的唯一实例
    public static CurrentUser getUser() {
        return user;
    }

    //设置姓名
    protected void setName(String n) {
        name = n;
    }

    //输出用户姓名
```

```
    protected void outputName() {
        Log.d(DEBUG_TAG, name);
    }
}
```

(2) 通过向活动中添加以下代码来测试模式。

```
CurrentUser user = CurrentUser.getUser();
user.setName("Singleton Pattern");
user.outputName();
```

单例非常有用，但不用它也很容易。当任务是异步的（例如归档系统）时，以及当我们想要从代码中的任何位置访问其内容（例如前面示例中的用户名）时，使用单例模式非常方便。

3.4 小结

无论应用程序的目的是什么，用户都需要一个熟悉的方式来访问应用程序的功能。应用程序栏和导航抽屉不仅易于用户理解，而且提供了极大的灵活性。

在本章，我们已了解了如何应用 Android 设备上可用的两个非常重要的输入机制以及控制它们外观的 Material 模式。SDK，尤其是设计库，使编码这些结构既简单又直观。虽然 Material 模式与我们之前遇到的设计模式不同，但是它具有类似的功能，引导我们走向更好的实践。

下一章将继续研究布局设计，探讨将整个布局组合在一起时可以使用的工具，以及如何适配各种屏幕形状和大小。

第 4 章

布局模式

在前面的章节中，我们研究了非常重要的用于创建对象的模式以及一些非常常用的 Material 组件。为了将所学的内容结合起来，我们需要考虑应用程序所需的整体布局，这使得我们能够更详细地规划应用程序。同时，我们还要展示一个有趣的挑战——设计一个应用程序适配不同大小和方向的屏幕。Android 各种屏幕尺寸和形状的适配开发非常简单、直观，额外增加少量的代码即可实现。最后，我们将探索和创建策略模式。

在本章，你将学到以下内容：

❑ 使用相对布局和线性布局；
❑ 应用重力（gravity）和权重（weight）；
❑ 使用加权和数（weightSum）缩放权重；
❑ 使用百分比支持库；
❑ 为特定屏幕尺寸开发布局；
❑ 创建策略模式。

Android 平台提供了各种布局类，布局类涵盖范围从非常简单的**帧布局**到支持库提供的非常复杂的布局。到目前为止，使用范围很广且非常通用的是线性布局和相对布局。

4.1 线性布局

在相对布局和线性布局之间进行选择通常非常简单。如果组件从一侧到另一侧排列成行，那么显而易见应该选择**线性布局**。虽然可以嵌套视图组，但是对于较复杂的布局来说，相对布局通常是最佳选择。这主要是因为嵌套布局需要大量资源，应该尽可能避免深层次结构。**相对布局**可以创建大量复杂的布局，几乎不需要嵌套。

无论哪种形式最符合我们的需求，一旦我们开始在不同形状的屏幕上测试布局，或是将屏幕旋转 90 度，很快就会看到，所有我们创建的令人满意的组件比例都失效了。通常，可以通过使用**重力**属性定位以及**权重**属性缩放解决这些问题。

权重和重力

在设置位置和比例时，如果不关心屏幕的精确形状，则可以节省很多工作量。通过设置组件和小部件的权重属性，我们可以确定单个组件占用屏幕宽度或高度的相对量。当我们把大部分小部件设置为 `wrap_content` 时，权重属性尤其有用。小部件可以根据用户的需要增大，同时某个视图可以占用尽可能多的空间。

如图 4-1 所示的布局中的图像将随着其上方文本的增长而适当缩小。

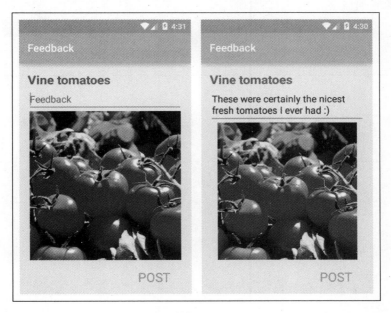

图 4-1

只有图像视图（`ImageView`）使用了权重，其他视图的 `height` 被声明为 `wrap_content`。如下所示，我们必须在此处将图像视图的 `layout_height` 设置为 `0dp`，避免设置视图高度时发生内部冲突：

```
<ImageView
    android:id="@+id/feedback_image"
    android:layout_width="match_parent"
    android:layout_height="0dp"
    android:layout_weight="1"
    android:contentDescription="@string/content_description"
    android:src="@drawable/tomatoes" />
```

权重不仅可以应用于单个小部件或视图，而且还可以应用于视图组或嵌套布局。

自动填充容易变动的屏幕空间非常有用。创建布局时，权重可以应用于多个视图，每个视图都使用活动中指定的相对区域。如图 4-2 所示，图像使用权重值 1、2、3、2 进行缩放。

图　4-2

虽然通常情况下需要避免相互嵌套的布局，但是有些时候为了活动的可行性，可以考虑嵌套一两层，如图 4-3 所示。

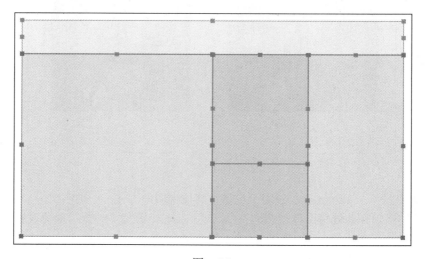

图　4-3

此布局仅使用了两个嵌套视图组，并且使用了权重，可以在各种形状因子中保持结构。当然，纵向上看这个布局会很糟糕，本章稍后会介绍如何解决这一问题。生成这一布局的 XML 如下所示。

```
<FrameLayout
    android:layout_width="match_parent"
    android:layout_height="56dp" />

<LinearLayout
    android:layout_width="match_parent"
```

```
    android:layout_height="match_parent"
    android:orientation="horizontal">

<FrameLayout
    android:layout_width="0dp"
    android:layout_height="match_parent"
    android:layout_weight="2" />

<LinearLayout
    android:layout_width="0dp"
    android:layout_height="match_parent"
    android:layout_weight="1"
    android:orientation="vertical">

    <FrameLayout
        android:layout_width="match_parent"
        android:layout_height="0dp"
        android:layout_weight="3" />

    <FrameLayout
        android:layout_width="match_parent"
        android:layout_height="0dp"
        android:layout_weight="2" />

</LinearLayout>

<FrameLayout
    android:layout_width="0dp"
    android:layout_height="match_parent"
    android:layout_weight="1" />

</LinearLayout>
```

4

上面的例子引出了一个有趣的问题——如果不想填充整个布局的宽度或高度呢？如果想留点空间怎么办？使用**加权和数**属性很容易解决上述问题。

为了理解如何使用加权和数，请将以下属性添加到前一个示例的线性布局定义中：

```
<LinearLayout
    android:layout_width="0dp"
    android:layout_height="match_parent"
    android:layout_weight="1"
    android:orientation="vertical"
    android:weightSum="10">
```

通过为布局设置最大权重，内部权重将与此值成比例。在此示例中，weightSum 为 10，内部权重 3 和 2 分别是布局高度的 3/10 和 2/10，如图 4-4 所示。

 请注意，weight 和 weightSum 都是浮点属性，使用如下代码可以获得更高的精度：android:weightSum="20.5"。

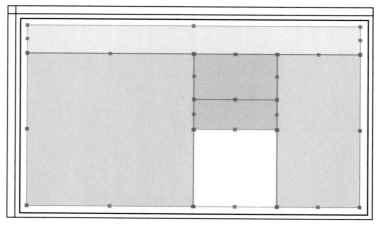

图　4-4

对于大多数屏幕尺寸和形状未知的情况来说，使用权重是一个极其有效的方式。另一种管理整个屏幕空间的技术是使用重力来定位组件及其内容。

重力属性用于调整视图以及其内容。在前面给出的示例中，以下标记用于将动作按钮放置在活动的底部。

```
<TextView
    android:id="@+id/action_post"
    android:layout_width="100dp"
    android:layout_height="wrap_content"
    android:layout_gravity="bottom"
    android:clickable="true"
    android:padding="16dp"
    android:text="@string/action_post"
    android:textColor="@color/colorAccent"
    android:textSize="24sp" />
```

此示例演示了如何使用 `layout_gravity` 调整容器中的视图（或视图组）。单一视图的内容在视图中的位置也可以通过重力属性定位，可以通过如下方式设置：

```
android:layout_gravity="top|left"
```

将布局排成行和列也许是很简单的屏幕布局方法，但它不是唯一的方法。**相对布局**提供了基于位置而非比例的替代技术，它还允许我们使用**百分比支持库**来调整其内容的比例。

4.2　相对布局

相对布局的一个很大优点可能是在构建复杂布局时可以减少嵌套视图组的数量。这是通过定义视图的位置来实现的，这些位置是根据视图的位置和使用如 `layout_below` 和 `layout_toEndOf`

之类的属性彼此对齐的方式来定义的。要了解如何实现，请思考前面示例中的线性布局。我们可以将其重新创建为没有嵌套视图组的相对布局，如下所示：

```xml
<?xml version="1.0" encoding="utf-8"?>
<RelativeLayout xmlns:android="http://schemas.android.com/apk/res/android"
    android:layout_width="match_parent"
    android:layout_height="match_parent">

    <FrameLayout
        android:id="@+id/header"
        android:layout_width="match_parent"
        android:layout_height="56dp"
        android:layout_alignParentTop="true"
        android:layout_centerHorizontal="true" />

    <FrameLayout
        android:id="@+id/main_panel"
        android:layout_width="320dp"
        android:layout_height="match_parent"
        android:layout_alignParentStart="true"
        android:layout_below="@+id/header" />

    <FrameLayout
        android:id="@+id/center_column_top"
        android:layout_width="160dp"
        android:layout_height="192dp"
        android:layout_below="@+id/header"
        android:layout_toEndOf="@+id/main_panel" />

    <FrameLayout
        android:id="@+id/center_column_bottom"
        android:layout_width="160dp"
        android:layout_height="match_parent"
        android:layout_below="@+id/center_column_top"
        android:layout_toEndOf="@+id/main_panel" />

    <FrameLayout
        android:id="@+id/right_column"
        android:layout_width="match_parent"
        android:layout_height="match_parent"
        android:layout_below="@+id/header"
        android:layout_toEndOf="@+id/center_column_top" />

</RelativeLayout>
```

这种实现方式明显的优势是不需要嵌套的视图组，但是我们必须明确地设置每个视图的尺寸。一旦在不同的屏幕上预览输出，比例很快就会失效，或者至少会失真。

该问题的一个解决方案是为不同的屏幕配置创建单独的 dimens.xml 文件，但如果我们想将一些视图按某个精确的百分比填充屏幕，则无法保证在所有设备上都做到这一点。幸运的是，Android 提供了一个非常有用的支持库。

百分比支持库

在相对布局中，为给定的组件定义精确的比例可能是个问题。这是因为我们只能描述视图的位置，而无法描述视图在视图组中的比重。幸运的是，百分比库提供了 PercentRelativeLayout 来解决这一问题。

和其他支持库一样，百分比库必须包含在 build.gradle 文件中。

```
compile 'com.android.support:percent:23.4.0'
```

为了创建和之前相同的布局，我们将使用以下代码。

```xml
<android.support.percent.PercentRelativeLayout
    xmlns:android="http://schemas.android.com/apk/res/android"
    xmlns:app="http://schemas.android.com/apk/res-auto"
    android:layout_width="match_parent"
    android:layout_height="match_parent">

    <FrameLayout
        android:id="@+id/header"
        android:layout_width="match_parent"
        android:layout_height="0dp"
        android:layout_alignParentTop="true"
        android:layout_centerHorizontal="true"
        app:layout_heightPercent="20%" />

    <FrameLayout
        android:id="@+id/main_panel"
        android:layout_width="0dp"
        android:layout_height="match_parent"
        android:layout_alignParentStart="true"
        android:layout_below="@+id/header"
        app:layout_widthPercent="50%" />

    <FrameLayout
        android:id="@+id/center_column_top"
        android:layout_width="0dp"
        android:layout_height="0dp"
        android:layout_below="@+id/header"
        android:layout_toEndOf="@+id/main_panel"
        app:layout_heightPercent="48%"
        app:layout_widthPercent="25%" />

    <FrameLayout
        android:id="@+id/center_column_bottom"
        android:layout_width="0dp"
        android:layout_height="0dp"
        android:layout_below="@+id/center_column_top"
        android:layout_toEndOf="@+id/main_panel"
        app:layout_heightPercent="32%"
        app:layout_widthPercent="25%" />
```

```
<FrameLayout
    android:id="@+id/right_column"
    android:layout_width="0dp"
    android:layout_height="match_parent"
    android:layout_below="@+id/header"
    android:layout_toEndOf="@+id/center_column_top"
    app:layout_widthPercent="25%" />

</android.support.percent.PercentRelativeLayout>
```

百分比库提供了一种直观且简单的方法来创建比例,这种比例在未测试过的形状因子上显示不易变形。在具有相同方向的其他设备上进行测试时,这些模型非常有效。然而,一旦我们将这些布局旋转 90 度,就会看到问题了。幸运的是,Android SDK 允许我们重用布局模式,创建替代版本重新编码的工作量最小。如我们所料,这是通过创建指定的布局配置实现的。

4.3　屏幕旋转

大多数(不是全部)移动设备允许屏幕重定向。许多应用程序(如视频播放器)更适合某一种特定的方向。一般来说,我们希望应用程序无论怎样旋转看起来都是最好的。

当从纵向转换为横向时大多数布局看起来很糟糕,反之亦然。显然,我们需要为这些情况创建替代方案。幸运的是,我们不必从头开始。为了了解如何完成此操作,最好的方法是从一个标准的纵向布局开始,如图 4-5 所示。

图　4-5

这可以用以下代码重新创建：

```
<android.support.percent.PercentRelativeLayout
    xmlns:android="http://schemas.android.com/apk/res/android"
    xmlns:app="http://schemas.android.com/apk/res-auto"
    android:layout_width="match_parent"
    android:layout_height="match_parent">

    <FrameLayout
        android:id="@+id/header"
        android:layout_width="match_parent"
        android:layout_height="0dp"
        android:layout_alignParentTop="true"
        android:layout_centerHorizontal="true"
        android:background="@color/colorPrimary"
        android:elevation="6dp"
        app:layout_heightPercent="10%" />

    <ImageView
        android:id="@+id/main_panel"
        android:layout_width="match_parent"
        android:layout_height="0dp"
        android:layout_alignParentStart="true"
        android:layout_below="@+id/header"
        android:background="@color/colorAccent"
        android:contentDescription="@string/image_description"
        android:elevation="4dp"
        android:scaleType="centerCrop"
        android:src="@drawable/cheese"
        app:layout_heightPercent="40%" />

    <FrameLayout
        android:id="@+id/panel_b"
        android:layout_width="0dp"
        android:layout_height="0dp"
        android:layout_alignParentEnd="true"
        android:layout_below="@+id/main_panel"
        android:background="@color/material_grey_300"
        app:layout_heightPercent="30%"
        app:layout_widthPercent="50%" />

    <FrameLayout
        android:id="@+id/panel_c"
        android:layout_width="0dp"
        android:layout_height="0dp"
        android:layout_alignParentEnd="true"
        android:layout_below="@+id/panel_b"
        android:background="@color/material_grey_100"
        app:layout_heightPercent="20%"
        app:layout_widthPercent="50%" />

    <FrameLayout
        android:id="@+id/panel_a"
```

```
    android:layout_width="0dp"
    android:layout_height="match_parent"
    android:layout_alignParentStart="true"
    android:layout_below="@+id/main_panel"
    android:elevation="4dp"
    app:layout_widthPercent="50%" />

</android.support.percent.PercentRelativeLayout>
```

同样，一旦旋转，它看起来很糟糕。要创建可接受的横向版本，请在设计模式下查看布局，单击设计面板左上角的配置图标，并选择 Create Landscape Variation（创建横向变化），如图 4-6 所示。

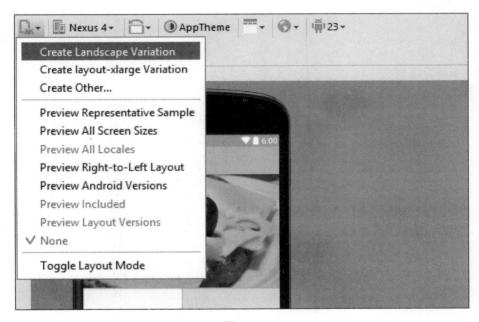

图　4-6

这会在文件夹中生成文件的副本，只要应用程序发现自己处于横向模式，就会引用该文件的布局定义。此目录位于 res/layout 文件夹旁，被称为 res/layout-land。现在只需重新排列视图以适配这种新格式。实际上，我们可以使用本章前面的布局，如下所示（效果如图 4-7 所示）：

```
<android.support.percent.PercentRelativeLayout
    xmlns:android="http://schemas.android.com/apk/res/android"
    xmlns:app="http://schemas.android.com/apk/res-auto"
    android:layout_width="match_parent"
    android:layout_height="match_parent">

    <FrameLayout
        android:id="@+id/header"
```

```
        android:layout_width="match_parent"
        android:layout_height="0dp"
        android:layout_alignParentTop="true"
        android:layout_centerHorizontal="true"
        android:background="@color/colorPrimary"
        android:elevation="6dp"
        app:layout_heightPercent="15%" />

    <ImageView
        android:id="@+id/main_panel"
        android:layout_width="0dp"
        android:layout_height="match_parent"
        android:layout_alignParentStart="true"
        android:layout_below="@+id/header"
        android:background="@color/colorAccent"
        android:contentDescription="@string/image_description"
        android:elevation="4dp"
        android:scaleType="centerCrop"
        android:src="@drawable/cheese"
        app:layout_widthPercent="50%" />

    <FrameLayout
        android:id="@+id/panel_a"
        android:layout_width="0dp"
        android:layout_height="0dp"
        android:layout_below="@+id/header"
        android:layout_toRightOf="@id/main_panel"
        android:background="@color/material_grey_300"
        app:layout_heightPercent="50%"
        app:layout_widthPercent="25%" />

    <FrameLayout
        android:id="@+id/panel_b"
        android:layout_width="0dp"
        android:layout_height="0dp"
        android:layout_below="@+id/panel_a"
        android:layout_toRightOf="@id/main_panel"
        android:background="@color/material_grey_100"
        app:layout_heightPercent="35%"
        app:layout_widthPercent="25%" />

    <FrameLayout
        android:id="@+id/panel_c"
        android:layout_width="0dp"
        android:layout_height="match_parent"
        android:layout_alignParentEnd="true"
        android:layout_below="@+id/header"
        android:elevation="4dp"
        app:layout_widthPercent="25%" />

</android.support.percent.PercentRelativeLayout>
```

图 4-7

只需几秒钟即可应用这些变更并创建横向布局。我们可以在此处执行更多操作，尤其是可以创建专为大屏幕和平板计算机而设计的布局。

4.4　大屏幕布局

当从配置菜单中创建横向布局时，无疑会注意到 Create layout-xlargeVersion（创建 layout-xlargeVersion）选项。如你所料，它用于创建适合平板计算机甚至电视的大屏幕布局。

如果选择此选项，你会立即看到我们选择使用百分比支持库是十分明智的，它生成了相同的布局。你可能觉得大屏幕布局没有必要，但这不是重点。10 英寸平板计算机这类设备提供了更多空间，我们应该利用这个机会提供更多的内容，而不仅仅是扩大布局。

在这个示例中，我们将为 xlarge 版本添加一个额外的框架，仅需添加以下 XML 并调整一些视图的高度百分比值（效果如图 4-8 所示）。

```
<FrameLayout
    android:id="@+id/panel_d"
    android:layout_width="0dp"
    android:layout_height="0dp"
    android:layout_alignParentEnd="true"
    android:layout_below="@+id/panel_c"
    android:background="@color/colorAccent"
    android:elevation="4dp"
    app:layout_heightPercent="30%"
    app:layout_widthPercent="50%" />
```

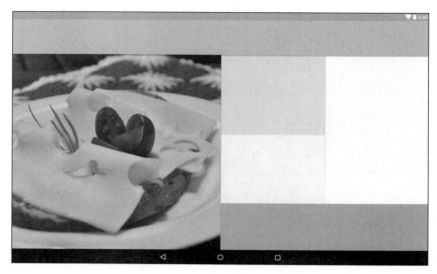

图   4-8

除了最大限度地利用大屏幕之外，还可以通过 small 限定符修改小屏幕布局。使元素更小，甚至删除一些不太重要的内容，有助于优化小屏幕布局。

我们在这里看到的限定符都非常有用，它们还有更广泛的用途。根据设备分辨率，我们很容易发现应用于大屏幕手机和小型平板计算机的是同一布局。幸运的是，当我们在定义布局时，框架还为我们提供了更精确的方法。

4.4.1   宽度限定符

作为开发者，我们花费了大量的时间和精力来获取和创造出色的图像及其他内容。我们必须合理地开展这项工作，并确保以最佳方式展示内容。假设布局的理想宽度至少是 720 像素，为了达到最佳效果，有两件事可以做。

首先，确保应用程序仅在指定设备上可用（指定设备具有期望的屏幕分辨率）。这可以通过编辑 AndroidManifest 文件并在 manifest 元素中添加以下标记来实现。

```
<supports-screens android:requiresSmallestWidthDp="720" />
```

让小屏幕用户无法使用应用程序，这通常是令人遗憾的决定，我们很少会这样做，但专为大型电视屏幕而设计的应用程序以及精确编辑照片的应用程序可能是例外。通常情况下，我们会选择创建布局，以适配尽可能多的屏幕尺寸，这就引出了第二种选择。

Android 平台允许我们根据**最小可用像素宽度**等标准设计特定屏幕尺寸的布局。"最小"指的是屏幕的窄边，它与方向无关。对于大多数设备来说，这意味着在纵向模式下查看时的宽度和在横向模式下查看时的高度。**可用**宽度提供了另一种灵活性，该宽度是根据屏幕的方向来测量的，这使得我们可以设计一些非常具体的布局。根据最小宽度优化布局非常简单，可以像以前一样使用限定符。因此，在窄边大于或等于 720 dp 的设备上，res/layout-sw720dp/activity_main.xml 将替代 res/layout/activity_main.xml。

当然，可以为任意尺寸创建文件夹，比如 res/layout-sw600dp。

无论屏幕方向如何，这项技术都非常适合大屏幕布局的设计。不过，根据设备外观宽度（取决于当前时刻的方向）设计布局也很实用。方式类似，可以通过指定目录实现。如果想限制可用宽度设计布局，请使用 res/layout-w720dp；如果想限制可用高度设计布局，请使用 res/layout-h720dp。

这些限定符非常有用，可以确保设计充分地利用可用硬件。但是如果要开发一个应用程序，并使其运行在 Android 3.1 或更低版本的设备上，则存在一个轻微的缺陷。在这些设备上，最小和可用宽度限定符不可用，我们必须使用 large 和 xlarge 作为限定符。这会导致出现两个相同的布局，浪费空间并增加维护成本。幸运的是，有一种方法可以解决这个问题，即采用布局别名的形式。

4.4.2 布局别名

为了演示布局别名是如何工作的，我们将设想一个简单的示例。我们只有两个布局，默认的 activity_main.xml 文件只有两个视图，第二个布局称为 activity_main_large.xml，它将有三个视图，可以更充分地利用较大的屏幕。要了解如何完成此操作，请执行以下步骤。

(1) 打开 activity_main 文件并为其提供两个视图：

```
<ImageView
    android:id="@+id/image_view"
    android:layout_width="match_parent"
    android:layout_height="256dp"
    android:layout_alignParentLeft="true"
    android:layout_alignParentStart="true"
    android:layout_alignParentTop="true"
    android:contentDescription="@string/content_description"
    android:scaleType="fitStart"
    android:src="@drawable/sandwich" />

<TextView
    android:id="@+id/text_view"
    android:layout_width="wrap_content"
    android:layout_height="wrap_content"
    android:layout_below="@+id/image_view"
    android:layout_centerHorizontal="true"
    android:layout_centerVertical="true"
    android:text="@string/text_value"
    android:textAppearance="?android:attr/textAppearanceLarge" />
```

(2) 复制此文件，将其命名为 activity_main_large，并将以下视图添加到其中：

```
<TextView
    android:id="@+id/text_view2"
    android:layout_width="wrap_content"
    android:layout_height="wrap_content"
    android:layout_alignParentEnd="true"
    android:layout_alignParentRight="true"
    android:layout_below="@+id/text_view"
    android:layout_marginTop="16dp"
    android:text="@string/extra_text"
    android:textAppearance="?android:attr/textAppearanceMedium" />
```

(3) 创建两个 New | Android resource directories（新建|Android 资源目录），命名为 res/values-large 和 res/values-sw720dp。

(4) 在 values-large 文件夹，创建一个名为 layout.xml 的文件，实现如下所示：

```
<resources>
    <item name="main" type="layout">@layout/activity_main_large</item>
</resources>
```

(5) 最后，在 values-sw720dp 文件夹中创建一个相同的文件，如图 4-9 所示。

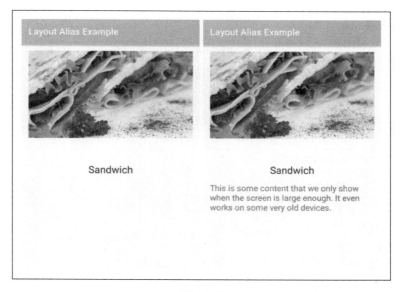

图 4-9

以这种方式使用布局别名，意味着我们只需创建一个大型布局。它将适用于更大的屏幕，无论设备运行的是哪个 Android 平台。

在此示例中，我们选择了 720dp 作为阈值，大多数情况下该值针对 10 英寸及其以上的平板计算机。如果想要在大多数 7 英寸平板计算机和大屏手机上运行该大型布局，可以使用 600dp。当然，我们可以任选合适的目标值。

在某些非常罕见的情况下，我们可能希望将应用程序限制为仅支持横向或纵向。这可以通过将 android:screenOrientation="portrait" 或 android:screen-Orientation="landscape" 添加到 manifest 文件中的 activity 标签内来实现。

 一般来说，我们应该为手机、7 英寸平板计算机和 10 英寸平板计算机创建横向和纵向布局。

作为开发者，设计吸引人的直观布局是我们面临的最重要的任务之一。这里介绍的快捷方式，极大地减少了所需的工作量，使我们能够专注于设计具有吸引力的应用程序。

与上一章一样，我们集中讨论了更实际的布局结构问题，这显然是进一步发展的前提。然而，还有很多模式需要我们去熟悉。我们越早地熟悉它们，就越有可能识别出从应用模式中受益的结构。类似本章所探讨的情况，可以使用的设计模式是策略设计模式。

4.5 策略模式

策略模式是另一种广泛使用且非常有用的模式。它的美在于它的多功能性，因为它可以在许多情况下应用。其目的是在运行时为给定问题提供一系列解决方案（策略）。举一个很恰当的例子，应用程序根据所在操作系统（在 Windows、Mac OS 或 Linux 上）决定所需运行的代码。如果我们使用上述指定系统的方式为不同设备设计 UI，效率会很高。使用策略模式很容易完成此任务，如图 4-10 所示。

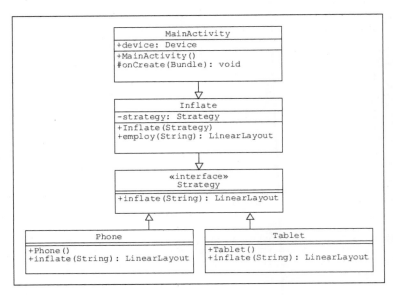

图 4-10

下面我们将向前迈出一小步。想象我们的"三明治制作应用程序"的用户已准备好付费了。假定有 3 种支付方式——信用卡、现金和优惠券。付现金的人只需支付定价。有些不公平，那些用卡支付的人需要支付一小笔费用，而有优惠券的人将获得 10% 的折扣。在应用这些策略之前，我们还将使用单例来表示基本价格。请按照以下步骤设置策略模式。

(1) 和往常一样，我们从一个接口开始：

```
public interface Strategy {

    String processPayment(float price);
}
```

(2) 接下来，创建这个接口的具体实现：

```
public class Cash implements Strategy {

    @Override
    public String processPayment(float price) {

        return String.format("%.2f", price);
    }
}


public class Card implements Strategy {
    ...
        return String.format("%.2f", price + 0.25f);
    ...
}


public class Coupon implements Strategy {
    ...
        return String.format("%.2f", price * 0.9f);
    ...
}
```

(3) 现在，添加以下类：

```
public class Payment {
    //为策略提供上下文

    private Strategy strategy;

    public Payment(Strategy strategy) {
        this.strategy = strategy;
    }

    public String employStrategy(float f) {
        return strategy.processPayment(f);
    }
}
```

(4) 最后，添加提供基本价格的单例类：

```
public class BasicPrice {
    private static BasicPrice basicPrice = new BasicPrice();
    private float price;

    //防止多个副本
    private BasicPrice() {
    }

    //返回唯一的实例
    public static BasicPrice getInstance() {
        return basicPrice;
    }

    protected float getPrice() {
        return price;
    }

    protected void setPrice(float v) {
        price = v;
    }
}
```

这就是创建模式所需的全部工作。之所以使用单例，是因为当前三明治的价格只需要一个实例，并且可以从代码中的任何地方访问。在我们构建一个 UI 并测试模式之前，让我们快速浏览一下策略的类图，如图 4-11 所示。

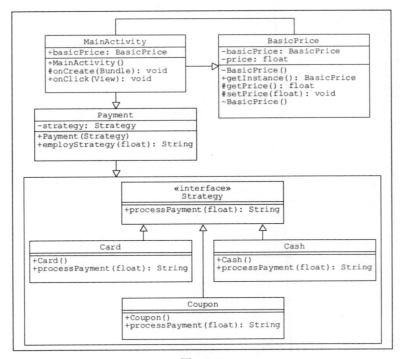

图 4-11

在图 4-11 中可以看到，活动包含一个 `onclick()` 的回调。在我们了解这是如何工作的之前，需要创建一个带有三个动作按钮的布局来测试每个支付选项。为实现此目的，请执行以下步骤。

(1) 创建一个布局文件，根部是水平线性布局。

(2) 添加以下视图和内部布局：

```
<ImageView
    android:id="@+id/image_view"
    android:layout_width="match_parent"
    android:layout_height="0dp"
    android:layout_weight="1"
    android:scaleType="centerCrop"
    android:src="@drawable/logo" />


<RelativeLayout
    android:layout_width="match_parent"
    android:layout_height="wrap_content"
    android:orientation="horizontal"
    android:paddingTop="@dimen/layout_paddingTop">

</RelativeLayout>
```

(3) 现在添加按钮到相对布局，前两个按钮看起来如下所示：

```
<Button
    android:id="@+id/action_card"
    style="?attr/borderlessButtonStyle"
    android:layout_width="wrap_content"
    android:layout_height="wrap_content"
    android:layout_alignParentEnd="true"
    android:layout_gravity="end"
    android:gravity="center_horizontal"
    android:minWidth="@dimen/action_minWidth"
    android:padding="@dimen/padding"
    android:text="@string/card"
    android:textColor="@color/colorAccent" />

<Button
    android:id="@+id/action_cash"
    style="?attr/borderlessButtonStyle"
    android:layout_width="wrap_content"
    android:layout_height="wrap_content"
    android:layout_gravity="end"
    android:layout_toStartOf="@id/action_card"
    android:gravity="center_horizontal"
    android:minWidth="@dimen/action_minWidth"
    android:padding="@dimen/padding"
    android:text="@string/cash"
    android:textColor="@color/colorAccent" />
```

(4) 第三个按钮和第二个按钮相同，以下属性除外：

```
<Button
    android:id="@+id/action_coupon"
    ...
    android:layout_toStartOf="@id/action_cash"
    ...
    android:text="@string/voucher"
    ... />
```

(5) 现在，打开 Java 活动文件并扩展它，使其实现以下监听器：

```
public class MainActivity extends AppCompatActivity implements
View.OnClickListener
```

(6) 接下来，添加以下字段：

```
public BasicPrice basicPrice = BasicPrice.getInstance();
```

(7) 在 onCreate() 方法中添加以下代码：

```
//实例化操作视图
Button actionCash = (TextView) findViewById(R.id.action_cash);
Button actionCard = (TextView) findViewById(R.id.action_card);
Button actionCoupon = (TextView) findViewById(R.id.action_coupon);

//连接本地点击监听器
actionCash.setOnClickListener(this);
actionCard.setOnClickListener(this);
actionCoupon.setOnClickListener(this);

//模拟价格计算
basicPrice.setPrice(1.5f);
```

(8) 最后，添加 onClick() 方法，如下所示：

```
@Override
public void onClick(View view) {
    Payment payment;

    switch (view.getId()) {

        case R.id.action_card:
            payment = new Payment(new Card());
            break;

        case R.id.action_coupon:
            payment = new Payment(new Coupon());
            break;

        default:
            payment = new Payment((new Cash()));
            break;
    }

    //输出价格
```

```
String price = new StringBuilder()
        .append("Total cost : $")
        .append(payment.employStrategy(basicPrice.getPrice()))
        .append("c")
        .toString();
Toast toast = Toast.makeText(this, price, Toast.LENGTH_LONG);
toast.show();
}
```

下面可以在设备或模拟器上测试输出，如图 4-12 所示。

图   4-12

策略模式可以应用于许多场景。开发绝大部分软件时，你会遇到可以反复应用该模式的场景。我们一定会回到这里的。希望现在介绍它，能够帮助你发现可以利用它的场景。

4.6   小结

在本章，我们已了解了如何充分地利用 Android 布局。这涉及确定使用哪种布局类型用于哪种目的，虽然还有许多其他布局类型，但线性布局和相对布局具有实用性和灵活性，可以完成大多数布局。选择布局后，我们可以使用权重属性和重力属性规划空间。百分比库和 `PercentRelative-Layout` 为布局适配各种可能的屏幕尺寸提供了极大的帮助。

在为大量真实设备设计 Android 布局时，开发者面临的最大挑战是应用程序可能会发现自己正在运行。幸运的是，资源指定使用使这一难题变得简单。

有了合适的工作布局，下面我们可以继续研究如何使用这一空间显示一些有用的信息。这将引导我们了解 `RecyclerView` 如何管理列表及数据，下一章将介绍这些内容。

4

第 5 章

结构型模式

到目前为止，我们已研究了保存、返回数据以及将对象组合成较大对象的模式，但还没有考虑过如何为用户提供选择。

在规划"三明治制作应用程序"时，我们希望为客户提供各种可能的原料。呈现这种选择的最佳方式可能是通过一个列表，而对于大量的数据集合来说可以是一系列列表。Android 使用 **RecyclerView** 可以很好地管理这些过程，RecyclerView 是一个列表容器和管理器，用于替代以前的 ListView。这并不是说永远不该使用简单的旧 ListView。当想要的只是简短文本的列表时，使用 RecyclerView 可能被认为是过分之举，通常我们会使用 ListView。可以说，RecyclerView 在管理数据、保持内存占用小以及滚动顺畅这些方面尤为出色。当 RecyclerView 包含在 CoordinatorLayout 中时，用户可以拖放、滑动和取消列表项。

为了了解这一切是如何完成的，我们将构建一个界面，该界面会包含一个供用户选择的原料列表。需要使用 RecyclerView 来保存列表，该过程中会介绍到适配器模式。

在本章，你将学到以下内容：

❏ 应用 RecyclerView；
❏ 应用 CoordinatorLayout；
❏ 生成列表；
❏ 翻译字符串资源；
❏ 应用 ViewHolder；
❏ 使用 RecyclerView 适配器；
❏ 创建适配器设计模式；
❏ 构造桥接设计模式；
❏ 应用外观模式；
❏ 使用模式过滤数据。

5.1　生成列表

RecyclerView 是相对较新的添加项，它取代了旧版的 ListView。RecyclerView 执行相同的功能时可以更有效地管理数据，尤其是针对于非常长的列表。RecyclerView 是 v7 支持库中的一部分，需要在 build.gradle 文件中编译，v7 支持库中的其他部分如下所示：

```
compile 'com.android.support:appcompat-v7:24.1.1'
compile 'com.android.support:design:24.1.1'
compile 'com.android.support:cardview-v7:24.1.1'
compile 'com.android.support:recyclerview-v7:24.1.1'
```

CoordinatorLayout 是主活动的根布局，如下所示：

```
<android.support.design.widget.CoordinatorLayout
    xmlns:android="http://schemas.android.com/apk/res/android"
    xmlns:app="http://schemas.android.com/apk/res-auto"
    android:id="@+id/content"
    android:layout_width="match_parent"
    android:layout_height="match_parent">
</android.support.design.widget.CoordinatorLayout>
```

可以将 RecyclerView 放置在布局中（效果如图 5-1 所示）：

```
<android.support.v7.widget.RecyclerView
    android:id="@+id/main_recycler_view"
    android:layout_width="match_parent"
    android:layout_height="match_parent" />
```

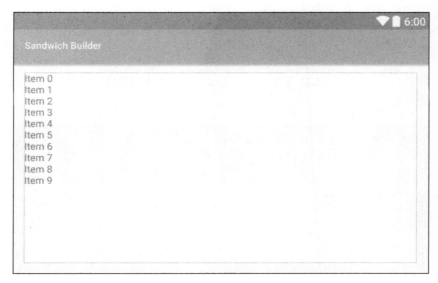

图　5-1

RecyclerView 为我们提供了一个虚拟列表，但我们将使用卡片视图创建列表。

5.2 列表项的布局

使用卡片视图来显示列表中的单个列表项是非常诱人的,可以找到很多这样使用的示例。但是,Google 不推荐这种用法,并且有充分的理由。卡片的设计是为了显示非均匀大小的内容,而圆形的边缘和阴影只会使屏幕杂乱无章。当列表项大小相同并且布局相同的时候,它们应该显示为简单的矩形布局,有时还会使用简单的分隔符分隔列表项。

稍后我们将创建复杂的交互式列表项,而现在的列表项视图只需要一幅图像和一个字符串。

创建一个以水平线性布局为根的布局文件,并将这两个视图放置在其中。

```
<ImageView
    android:id="@+id/item_image"
    android:layout_width="@dimen/item_image_size"
    android:layout_height="@dimen/item_image_size"
    android:layout_gravity="center_vertical|end"
    android:layout_margin="@dimen/item_image_margin"
    android:scaleType="fitXY"
    android:src="@drawable/placeholder" />

<TextView
    android:id="@+id/item_name"
    android:layout_width="0dp"
    android:layout_height="wrap_content"
    android:layout_gravity="center_vertical"
    android:layout_weight="1"
    android:paddingBottom="24dp"
    android:paddingStart="@dimen/item_name_paddingStart"
    tools:text="placeholder"
    android:textSize="@dimen/item_name_textSize" />
```

这里使用了 tools 命名空间(稍后应该删除它),这样我们无须编译整个项目就可以看到布局的样子(见图 5-2)。

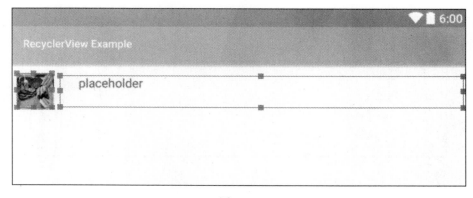

图   5-2

你可能已经注意到了，在旧设备上测试时，CardView 上的某些外边距和内边距看起来有些不同。无须创建替代布局资源，通常 card_view:carduseCompatp-Adding="true"属性就可以解决这一问题。

这里使用的文本大小和外边距不是任意的，而是由 Material Design 指南指定的。

Material 字体大小

在 Material Design 方面，文本大小非常重要，在某些情况下只允许使用某些特定尺寸。在当前示例中，名称为 24 sp，描述为 16 sp。一般来说，在 Material Design 应用程序中显示的文本，绝大部分是 12 sp、14 sp、16 sp、20 sp、24 sp 或 34 sp。当然，选择要使用的尺寸以及何时使用该尺寸具有一定的灵活性，以下列表（见图 5-3）可以提供很好的帮助和指导。

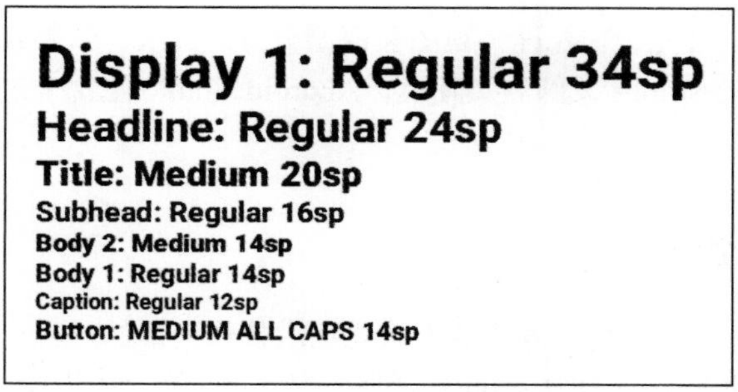

Display 1: Regular 34sp
Headline: Regular 24sp
Title: Medium 20sp
Subhead: Regular 16sp
Body 2: Medium 14sp
Body 1: Regular 14sp
Caption: Regular 12sp
Button: MEDIUM ALL CAPS 14sp

图　5-3

5.3　连接数据

Android 配备了 SQLite 库，这是一个用于创建和管理复杂数据库的强大工具。就这一主题，很容易写一整个章节甚至一整本书。在这里，我们不需要处理大型集合，创建自己的数据类会更简单、更清晰。

想要了解更多有关 SQLite 的信息，可以查看 Android Developers 网站的综合文档"SQLiteDatabase"。

我们稍后将创建复杂的数据结构，但现在只需要学习如何设置，因此只创建三个列表项。为了添加这些列表项，新建一个名为 Filling 的 Java 类，并完成如下操作：

```
public class Filling {
    private int image;
    private int name;
```

```
public Filling(int image, int name) {
    this.image = image;
    this.name = name;
}
}
```

这些可以在主活动中定义，如下所示：

```
static final Filling fillings[] = new Filling[3];
fillings[0] = new Filling(R.drawable.cheese, R.string.cheese);
fillings[1] = new Filling(R.drawable.ham, R.string.ham);
fillings[2] = new Filling(R.drawable.tomato, R.string.tomato);
```

如你所见，我们已在 strings.xml 文件中定义了字符串资源：

```
<string name="cheese">Cheese</string>
<string name="ham">Ham</string>
<string name="tomato">Tomato</string>
```

这样写有两大优点。首先，它允许将视图和模型分开。其次，如果要将应用程序翻译成其他语言，只需要一个替代的 strings 文件。实际上，Android Studio 使这个过程变得如此简单，值得我们花些时间了解它是如何实现的。

5.4　翻译字符串资源

Android Studio 提供了一个**翻译编辑器**来简化提供替代资源的过程。与为不同屏幕尺寸创建指定文件夹的方式完全相同，我们为不同语言创建替代值目录。编辑器为我们管理这一过程，我们不需要了解太多，只需要知道，比如说，如果想要将应用程序翻译成意大利语，编辑器会创建一个名为 values-it 的文件夹，并将替代的 strings.xml 文件放入其中（见图 5-4）。

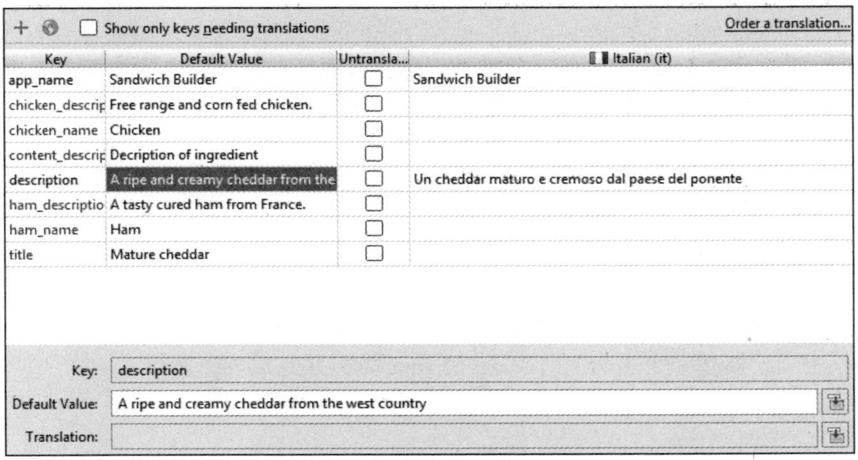

图　5-4

要访问翻译编辑器，只需右键单击项目资源管理器中现有的 strings.xml 文件并选择它即可。

虽然 RecyclerView 是一种以高效的方式管理和绑定数据的出色工具，但它确实需要相当多的设置。除了视图和数据之外，将数据绑定到活动还需要另外两个元素，即 **LayoutManager** 和**数据适配器**。

适配器和布局管理器

RecyclerView 使用 RecyclerView.LayoutManager 和 RecyclerView.Adapter 管理数据。可以认为 LayoutManager 属于 RecyclerView，它与适配器通信，而适配器又以图 5-5 所示的方式绑定到数据。

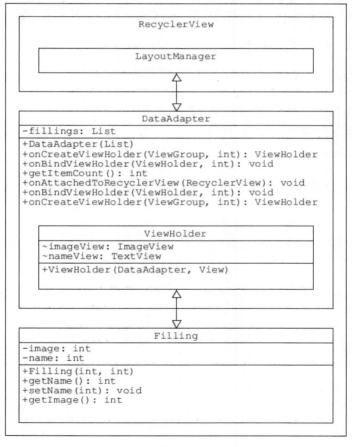

图 5-5

创建布局管理器非常简单，只需遵循以下两个步骤即可。

(1) 打开 MainActivity.Java 文件，添加以下代码。

```
RecyclerView recyclerView;
DataAdapter adapter;
```

(2) 然后将以下代码添加到 onCreate() 方法中。

```
final ArrayList<Filling> fillings = initializeData();
adapter = new DataAdapter(fillings);

recyclerView = (RecyclerView) findViewById(R.id.recycler_view);
recyclerView.setHasFixedSize(true);
recyclerView.setLayoutManager(new LinearLayoutManager(this));
recyclerView.setAdapter(adapter);
```

这段代码很容易理解，但需要解释一下 RecyclerView.setHasFixedSize(true) 命令的用途。如果我们事先知道列表总是相同的长度，那么这个调用将使列表的管理更加高效。

要创建适配器，请执行以下步骤。

(1) 新建一个名为 DataAdapter 的 Java 类，并继承 RecyclerView.Adapter<Recycler-ViewAdapter.ViewHolder>。

(2) 此处会产生报错，单击红色快速修复图标并实现建议的方法。

(3) 这三种方法实现如下所示：

```
//填充 RecyclerView
@Override
public DataAdapter.ViewHolder onCreateViewHolder(ViewGroup parent, int
viewType) {
    Context context = parent.getContext();
    LayoutInflater inflater = LayoutInflater.from(context);

    View v = inflater.inflate(R.layout.item, parent, false);
    return new ViewHolder(v);
}

//显示数据
@Override
public void onBindViewHolder(DataAdapter.ViewHolder holder, int position) {
    Filling filling = fillings.get(position);
    ImageView imageView = holder.imageView;
    imageView.setImageResource(filling.getImage());

    TextView textView = holder.nameView;
    textView.setText(filling.getName());
}

@Override
@Overridepublic int getItemCount() {    return fillings.size();}
```

(4) 最后，实现 ViewHolder：

```
public class ViewHolder extends RecyclerView.ViewHolder {
    ImageView imageView;
    TextView nameView;

    public ViewHolder(View itemView) {
        super(itemView);
        imageView = (ImageView) itemView.findViewById(R.id.item_image);
        nameView = (TextView) itemView.findViewById(R.id.item_name);
    }
}
```

ViewHolder 仅仅是通过调用 findViewById() 来加速长列表，这是一个耗费资源的过程。

该示例现在可以在模拟器或手持设备上运行，其输出与图 5-6 所示类似。

图 5-6

显然，我们需要的馅料远不止三种，但通过这个示例很容易学会如何添加馅料。

此处所示示例详细地解释了在各种情况下 RecyclerView 如何工作。这里使用了 LinearLayout-Manager 来创建列表，**GridLayoutManager** 和 **StaggeredGridLayoutManager** 使用方式类似。

5.5 适配器模式

这里我们所学习的示例，使用了适配器模式以 DataAdapter 的形式将数据与布局连接起来。这是现成的适配器，虽然我们很清楚它是如何工作的，但它并没有告诉我们适配器的结构以及如何自己构建适配器。

许多情况下，Android 提供了有用的内置模式，但有时我们需要为自己创建的类提供适配器。下面将介绍如何完成此操作以及如何创建关联设计模式——桥接模式。最好从概念上开始学习这些模式。

适配器的目的可能是最容易理解的。一个很好的类比是，当我们将电子设备带到国家（地区）时所使用的物理适配器，这些国家（地区）的电源插座在不同的电压和频率下工作。适配器有两个面，一面用于接受插头，另一面用于适配插座，如图 5-7 所示。有些适配器甚至足够智能，可以接受多个配置，这正是软件适配器的工作原理。

图　5-7

在很多情况下，我们的接口不匹配，就像插头和插座无法对齐一样。适配器是依赖最广的设计模式之一。我们之前看到 Android API 本身也在使用它们。

解决接口不兼容问题的一种方法是更改接口本身，但这可能会导致一些代码混乱，以及类之间的连接杂乱。适配器解决了这个问题，并允许我们在不真正破坏整体结构的情况下大规模更改软件。

想象"三明治制作应用程序"已推出且运行良好，但我们配送的办公室改变了布局，从小型办公室变成了开放式结构。以前我们用建筑物、楼层、办公室、工位等字段来定位客户，但现在办公室字段毫无意义，我们必须相应地重新设计。

如果应用程序非常复杂，那么毫无疑问位置类会有很多地方引用和使用，且全部重写它们是一项耗时的工作。幸运的是，适配器模式意味着我们可以非常轻松地适应这种变化。

下面是原始位置接口：

```java
public interface OldLocation {

    String getBuilding();
    void setBuilding(String building);

    int getFloor();
    void setFloor(int floor);
```

```
    String getOffice();
    void setOffice(String office);

    int getDesk();
    void setDesk(int desk);
}
```

下面是它的实现：

```
public class CustomerLocation implements OldLocation {
    String building;
    int floor;
    String office;
    int desk;

    @Override
    public String getBuilding() { return building; }

    @Override
    public void setBuilding(String building) {
        this.building = building;
    }

    @Override
    public int getFloor() { return floor; }

    @Override
    public void setFloor(int floor) {
        this.floor = floor;
    }

    @Override
    public String getOffice() { return office; }

    @Override
    public void setOffice(String office) {
        this.office = office;
    }

    @Override
    public int getDesk() { return desk; }

    @Override
    public void setDesk(int desk) {
        this.desk = desk;
    }
}
```

假设这些类已存在且我们希望适配这些类，只需要适配器类和一些测试代码就可以将整个应用程序从旧系统转换为新系统。

(1) 适配器类：

```
public class Adapter implements NewLocation {
    final OldLocation oldLocation;

    String building;
    int floor;
    int desk;

    //包装旧的接口
    public Adapter(OldLocation oldLocation) {
        this.oldLocation = oldLocation;
        setBuilding(this.oldLocation.getBuilding());
        setFloor(this.oldLocation.getFloor());
        setDesk(this.oldLocation.getDesk());
    }

    @Override
    public String getBuilding() { return building; }

    @Override
    public void setBuilding(String building) {
        this.building = building;
    }

    @Override
    public int getFloor() { return floor; }

    @Override
    public void setFloor(int floor) {
        this.floor = floor;
    }

    @Override
    public int getDesk() { return desk; }

    @Override
    public void setDesk(int desk) {
        this.desk = desk;
    }
}
```

(2) 测试代码：

```
TextView textView = (TextView)findViewById(R.id.text_view);

OldLocation oldLocation = new CustomerLocation();
oldLocation.setBuilding("Town Hall");
oldLocation.setFloor(3);
oldLocation.setDesk(14);

NewLocation newLocation = new Adapter(oldLocation);
```

```
textView.setText(new StringBuilder()
    .append(newLocation.getBuilding())
    .append(", floor ")
    .append(newLocation.getFloor())
    .append(", desk ")
    .append(newLocation.getDesk())
    .toString());
```

虽然适配器模式非常有用，但其结构非常简单，如图 5-8 所示。

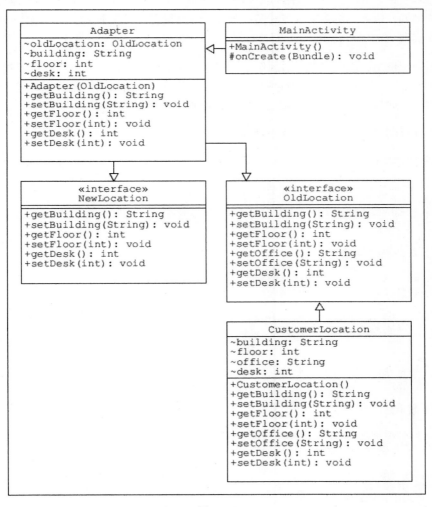

图　5-8

适配器模式的关键是实现新接口并包装旧接口。

很容易看出在许多需要将一种接口转换为另一种接口的情况下如何应用此模式。适配器是最有用且最常用的结构型模式之一。在某些方面，它类似于我们下一个即将遇到的模式——桥接，因为它们都有一个用于转换接口的类。然而，我们将在下面看到桥接模式起着完全不同的作用。

5.6   桥接模式

适配器和桥接之间的主要区别在于，构建适配器是为了纠正设计产生的不兼容性，而桥接是在这之前构建的，其目的是将接口与其实现分开，以便我们可以在不更改客户端代码的情况下修改甚至替换实现。

在下面的示例中，假设"三明治制作应用程序"的用户可以选择开放式或封闭式三明治。除此之外，这些三明治是相同的，因为它们可以任意组合馅料（为了简化问题，原料最多只有两种）。以下内容将演示如何将抽象类与其实现分离，以便独立地修改它们。

以下步骤说明了如何构建简单的桥接模式。

(1) 首先创建接口：

```
public interface SandwichInterface {

    void makeSandwich(String filling1, String filling2);
}
```

(2) 接下来，创建抽象类：

```
public abstract class AbstractSandwich {
    protected SandwichInterface sandwichInterface;

    protected AbstractSandwich(SandwichInterface sandwichInterface) {
        this.sandwichInterface = sandwichInterface;
    }

    public abstract void make();
}
```

(3) 下面继承这个类：

```
public class Sandwich extends AbstractSandwich {
    private String filling1, filling2;

    public Sandwich(String filling1, String filling2, SandwichInterface
sandwichInterface) {
        super(sandwichInterface);
        this.filling1 = filling1;
        this.filling2 = filling2;
    }

    @Override
```

```
    public void make() {
        sandwichInterface.makeSandwich(filling1, filling2);
    }
}
```

(4) 然后，创建两个具体类来表示我们对三明治的选择：

```
public class Open implements SandwichInterface {
    private static final String DEBUG_TAG = "tag";

    @Override
    public void makeSandwich(String filling1, String filling2) {
        Log.d(DEBUG_TAG, "Open sandwich " + filling1 + filling2);
    }
}

public class Closed implements SandwichInterface {
    private static final String DEBUG_TAG = "tag";

    @Override
    public void makeSandwich(String filling1, String filling2) {
        Log.d(DEBUG_TAG, "Closed sandwich " + filling1 + filling2);
    }
}
```

(5) 下面可以通过将这些代码添加到客户端代码中来测试此模式：

```
AbstractSandwich openSandwich = new Sandwich("Cheese ", "Tomato", new
Open());
openSandwich.make();

AbstractSandwich closedSandwich = new Sandwich("Ham ", "Eggs", new
Closed());
closedSandwich.make();
```

(6) 调试屏幕中将输出：

```
D/tag: Open sandwich Cheese Tomato
D/tag: Closed sandwich Ham Eggs
```

上述示例演示了如何通过该模式使用相同的抽象类方法、不同的桥接实现类，以不同的方式创建三明治。

适配器和桥接都是通过创建干净的结构来实现的，通过此种方式我们可以统一或分离类和接口，以解决结构出现的不兼容性问题，或是在准备期间提前规划。从图 5-9 上看，两者之间的差异更加明显。

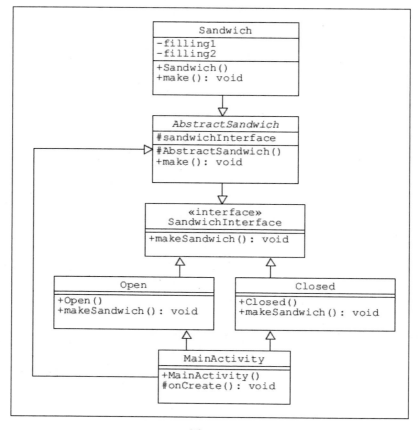

图   5-9

大多数结构模式(以及一般的设计模式)依赖于创建这些额外的层,使代码更加清晰。简化复杂的结构毫无疑问是设计模式的最大优点,很少有模式比外观模式更能帮助我们简化代码。

5.7   外观模式

外观模式可能是最容易理解和创造的结构型模式之一。顾名思义,它就像复杂系统外层的门面。在编写客户端代码时,如果我们有一个表示系统的外观,就可以不用关心系统其余部分的复杂逻辑。我们所要做的就是处理外观本身,这意味着我们可以通过设计外观最大限度地简化系统。

想象一下外观模式,就像你在一台典型的自动售货机上能找到的简单的键盘一样。自动售货机是非常复杂的系统,结合了各种机械和物理组件。然而,要操作自动售货机,我们所需要的只是知道如何在键盘上打字。键盘是外观,它隐藏了背后的所有复杂性。我们可以通过以下步骤中描述的虚构自动售货机来演示这一点。

(1) 首先创建接口：

```
public interface Product {

    int dispense();
}
```

(2) 接下来，添加三个具体的实现：

```
public class Crisps implements Product {

    @Override
    public int dispense() {
        return R.drawable.crisps;
    }
}

public class Drink implements Product {
    ...
        return R.drawable.drink;
    ...
}

public class Fruit implements Product {
    ...
        return R.drawable.fruit;
    ...
}
```

(3) 下面添加外观类：

```
public class Facade {
    private Product crisps;
    private Product fruit;
    private Product drink;

    public Facade() {
        crisps = new Crisps();
        fruit = new Fruit();
        drink = new Drink();
    }

    public int dispenseCrisps() {
        return crisps.dispense();
    }

    public int dispenseFruit() {
        return fruit.dispense();
    }

    public int dispenseDrink() {
        return drink.dispense();
    }
}
```

(4) 将合适的图像放在对应的 drawable 目录中。

(5) 创建一个简单的布局文件，图像视图如下所示：

```
<ImageView
    android:id="@+id/image_view"
    android:layout_width="match_parent"
    android:layout_height="match_parent" />
```

(6) 在活动类中添加一个 ImageView：

```
ImageView imageView = (ImageView) findViewById(R.id.image_view);
```

(7) 创建外观：

```
Facade facade = new Facade();
```

(8) 通过如下调用测试输出：

```
imageView.setImageResource(facade.dispenseCrisps());
```

这就构成了我们的外观模式，如图 5-10 所示，它看起来非常简单。

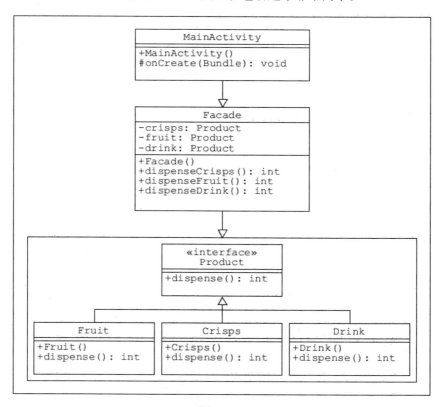

图   5-10

当然，本示例中的外观模式似乎毫无意义。`dispense()`方法只显示图像，不需要简化。然而，在更真实的模拟中，分配过程将涉及各种调用、检查、计算更改、检查库存可用性，所有随动系统都需要启动。外观模式之美在于，如果将所有过程都放在适当的位置上，就不必在客户端或外观类中更改代码。不管其背后的逻辑有多复杂，对 `dispentedDrink()` 的调用都将得到正确的结果。

虽然外观模式非常简单，但在许多我们想要为复杂系统提供简单有序的界面的情况下，外观模式非常有用。标准（或过滤器）模式更加简单，但同样有用，它允许我们查询复杂的数据结构。

5.8 标准模式

标准设计模式提供了一种清晰、简洁的技术，可根据设定的标准过滤对象。它是非常强大的工具，下一个练习将演示这一点。

在这个示例中，我们将应用过滤器模式对原料列表进行排序，并根据它们是否为素食以及它们的生产地点进行过滤。

(1) 首先创建过滤接口：

```java
public interface Filter {

    List<Ingredient> meetCriteria(List<Ingredient> ingredients);

}
```

(2) 接下来，添加原料类：

```java
public class Ingredient {

    String name;
    String local;
    boolean vegetarian;

    public Ingredient(String name, String local, boolean vegetarian) {
        this.name = name;
        this.local = local;
        this.vegetarian = vegetarian;
    }

    public String getName() {
        return name;
    }

    public String getLocal() {
        return local;
    }

    public boolean isVegetarian(){
```

```
        return vegetarian;
    }
}
```

(3) 下面实现满足素食标准的过滤器:

```java
public class VegetarianFilter implements Filter {

    @Override
    public List<Ingredient> meetCriteria(List<Ingredient> ingredients) {
        List<Ingredient> vegetarian = new ArrayList<Ingredient>();

        for (Ingredient ingredient : ingredients) {
            if (ingredient.isVegetarian()) {
                vegetarian.add(ingredient);
            }
        }
        return vegetarian;
    }
}
```

(4) 然后，添加一个用来测试本地产品的过滤器:

```java
public class LocalFilter implements Filter {

    @Override
    public List<Ingredient> meetCriteria(List<Ingredient> ingredients) {
        List<Ingredient> local = new ArrayList<Ingredient>();

        for (Ingredient ingredient : ingredients) {
            if (Objects.equals(ingredient.getLocal(), "Locally produced")){
                local.add(ingredient);
            }
        }
        return local;
    }
}
```

(5) 以及一个用来测试非本地产品的过滤器:

```java
public class NonLocalFilter implements Filter {

    @Override
    public List<Ingredient> meetCriteria(List<Ingredient> ingredients) {
        List<Ingredient> nonLocal = new ArrayList<Ingredient>();

        for (Ingredient ingredient : ingredients) {
            if (ingredient.getLocal() != "Locally produced") {
                nonLocal.add(ingredient);
            }
        }
        return nonLocal;
    }
}
```

(6) 下面需要一个 AND 标准过滤器：

```java
public class AndCriteria implements Filter {
    Filter criteria;
    Filter otherCriteria;

    public AndCriteria(Filter criteria, Filter otherCriteria) {
        this.criteria = criteria;
        this.otherCriteria = otherCriteria;
    }

    @Override
    public List<Ingredient> meetCriteria(List<Ingredient> ingredients) {
        List<Ingredient> firstCriteria =
criteria.meetCriteria(ingredients);
        return otherCriteria.meetCriteria(firstCriteria);
    }
}
```

(7) 接着，是一个 OR 标准过滤器：

```java
public class OrCriteria implements Filter {
    Filter criteria;
    Filter otherCriteria;

    public OrCriteria(Filter criteria, Filter otherCriteria) {
        this.criteria = criteria;
        this.otherCriteria = otherCriteria;
    }

    @Override
    public List<Ingredient> meetCriteria(List<Ingredient> ingredients) {
        List<Ingredient> firstCriteria =
criteria.meetCriteria(ingredients);
        List<Ingredient> nextCriteria =
otherCriteria.meetCriteria(ingredients);

        for (Ingredient ingredient : nextCriteria) {
            if (!firstCriteria.contains(ingredient)) {
                firstCriteria.add(ingredient);
            }
        }
        return firstCriteria;
    }
}
```

(8) 现在，顺着这些代码添加一个小数据集：

```java
List<Ingredient> ingredients = new ArrayList<Ingredient>();

ingredients.add(new Ingredient("Cheddar", "Locally produced", true));
ingredients.add(new Ingredient("Ham", "Cheshire", false));
ingredients.add(new Ingredient("Tomato", "Kent", true));
ingredients.add(new Ingredient("Turkey", "Locally produced", false));
```

(9) 在主活动中，创建以下过滤器：

```
Filter local = new LocalFilter();
Filter nonLocal = new NonLocalFilter();
Filter vegetarian = new VegetarianFilter();
Filter localAndVegetarian = new AndCriteria(local, vegetarian);
Filter localOrVegetarian = new OrCriteria(local, vegetarian);
```

(10) 创建一个简单的布局，使用基础的文本视图。

(11) 将以下方法添加到主活动中：

```
public void printIngredients(List<Ingredient> ingredients, String header) {

    textView.append(header);

    for (Ingredient ingredient : ingredients) {
        textView.append(new StringBuilder()
                .append(ingredient.getName())
                .append(" ")
                .append(ingredient.getLocal())
                .append("\n")
                .toString());
    }
}
```

(12) 现在可以使用以下调用来测试模式：

```
printIngredients(local.meetCriteria(ingredients),
"LOCAL:\n");
printIngredients(nonLocal.meetCriteria(ingredients),
"\nNOT LOCAL:\n");
printIngredients(vegetarian.meetCriteria(ingredients),
"\nVEGETARIAN:\n");
printIngredients(localAndVegetarian.meetCriteria(ingredients),
"\nLOCAL VEGETARIAN:\n");
printIngredients(localOrVegetarian.meetCriteria(ingredients),
"\nENVIRONMENTALLY FRIENDLY:\n");
```

在设备上测试模式应该产生如图 5-11 所示的输出。

图 5-11

这里仅应用了一些简单的标准，但可以很容易地使用合适的过滤器过滤有关过敏、热值、价格等任何我们选择的信息。正是这种从多个标准中创建单一标准的能力使得这种模式如此有用和通用，如图 5-12 所示。

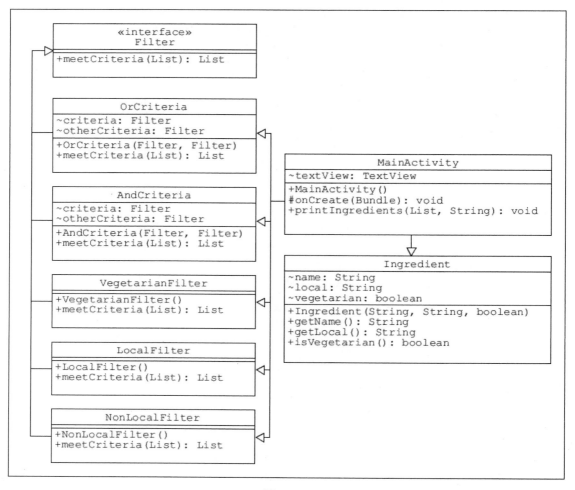

图   5-12

　　和许多其他模式一样，过滤器模式不会做我们以前没有做过的事情。相反，它显示了另一种执行常见任务的方法，例如根据特定标准过滤数据。如果我们为任务选择了正确的模式，这些经过考验的结构一定会完成最佳实践。

5.9　小结

　　本章介绍了一些非常常用且非常有用的结构型模式。我们首先了解了框架如何将模型与视图分开；然后学习了如何使用 RecyclerView 及其适配器管理数据结构，以及这与适配器设计模式的相似之处；建立了此连接之后，接着创建了一个示例，演示说明如何使用适配器来应对对象之间不可避免的不兼容性。这与我们接下来构建的桥接模式不同，后者是预先设计的。

从一个相当实际的角度开始本章后，我们又仔细研究了另外两个重要的结构型模式——外观模式（用于简化结构的外观功能）和标准模式（用于处理数据集、返回过滤的对象集并尽可能简单地应用多个标准）。

在下一章，我们将探索用户界面以及如何使用设计库为用户提供滑动和取消操作；使用自定义对话框显示其输出来重新学习工厂模式并将其应用于布局。

5

第 6 章

活动模式

前文探讨了 Android 开发的实用性以及设计模式应用的理论。我们已了解了 Android 应用程序的许多基本组件，并看到了一些有用的设计模式从何而来，但还没有将这两者结合起来。

在本章，我们将构建示例应用程序的一个主要部分——原料选择菜单。菜单会包含一个可滚动的馅料列表，该列表可以选择、展开以及取消。在构建过程中，我们还将学习可折叠工具栏、几个便于使用的支持库特性、为动作按钮添加功能、悬浮按钮和警告对话框。

在代码的核心部分，我们将应用一个简单的工厂模式创建每种原料，该示例将很好地演示这种模式如何从客户端类中隐藏创建逻辑。在本章，我们将只创建馅料类型的单一示例，演示如何实现；稍后将使用相同的结构和流程，但会增加复杂性。该示例将引导我们探索 RecyclerView 的格式和装饰，例如网格布局和分隔符。

然后，我们将通过单击按钮，生成和自定义警告对话框，这将用到内置的建造者模式，并引导我们了解如何创建自己的建造者模式来填充布局。

在本章，你将学到以下内容：

- 创建应用程序栏布局；
- 应用可折叠工具栏；
- 控制滚动行为；
- 使用嵌套滚动视图；
- 应用数据工厂；
- 创建列表项视图；
- 将文本视图转换成按钮；
- 应用网格布局；
- 添加分隔符装饰；
- 配置操作图标；
- 创建警告对话框；
- 自定义对话框；

□ 添加第二个活动；
□ 应用滑动操作和取消操作；
□ 创建布局建造者模式；
□ 在运行时创建布局。

示例应用程序的用户需要一些选择原料的方法。当然，可以为用户提供一个长列表，但这种方式烦琐且没有吸引力。显然，需要把原料分成不同的类别。下面的示例将只关注其中一个分组，因为这有助于简化基础流程，以便稍后考虑更复杂的场景。我们将从可折叠工具栏布局开始创建必要的布局。

6.1　可折叠工具栏

方便的滑动式工具栏是 Material Design 常见的 UI 特性，它提供了一种优雅且巧妙的方式，可以充分利用手机屏幕甚至笔记本计算机屏幕的有限空间，如图 6-1 所示。

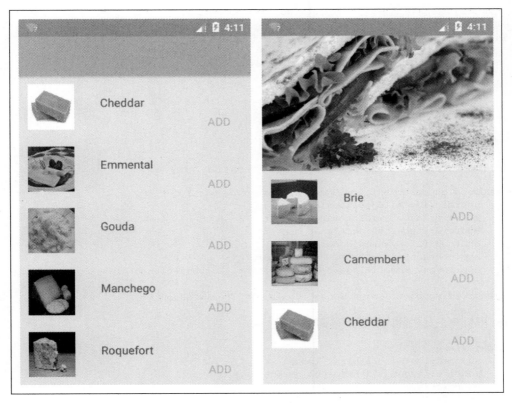

图　6-1

如你所料，**CollapsingToolbarLayout** 是设计支持库的一部分，还是 **AppBarLayout** 的一个子项。AppBarLayout 是一种线性布局，专为 Material Design 的某些特性而设计。

可折叠工具栏有助于优雅地管理空间，使画面更具吸引力，有利于提升产品。只需很短的时间即可实现它，且其适配非常简单。

想要了解如何做，最好的方式就是动手构建。以下是构建步骤。

(1) 新建一个项目，并导入 RecyclerView 和设计支持库。

(2) 通过将主题替换成 Theme.AppCompat.Light.NoActionBar，移除操作栏。

(3) 打开 activity_main.xml 文件，应用下述根布局：

```
<android.support.design.widget.CoordinatorLayout
    xmlns:android="http://schemas.android.com/apk/res/android"
    xmlns:app="http://schemas.android.com/apk/res-auto"
    android:layout_width="match_parent"
    android:layout_height="match_parent">

</android.support.design.widget.CoordinatorLayout>
```

(4) 在根布局内部，加入 AppBarLayout：

```
<android.support.design.widget.AppBarLayout
    android:id="@+id/app_bar"
    android:layout_width="match_parent"
    android:layout_height="wrap_content"
    android:fitsSystemWindows="true">

</android.support.design.widget.AppBarLayout>
```

(5) 在应用程序栏中，加入 CollapsingToolbarLayout：

```
<android.support.design.widget.CollapsingToolbarLayout
    android:id="@+id/collapsing_toolbar"
    android:layout_width="match_parent"
    android:layout_height="wrap_content"
    android:fitsSystemWindows="true"
    app:contentScrim="?attr/colorPrimary"
    app:layout_scrollFlags="scroll|exitUntilCollapsed|enterAlwaysCollapsed">

</android.support.design.widget.CollapsingToolbarLayout>
```

(6) 可折叠工具栏的内容是下述两个视图：

```
<ImageView
    android:id="@+id/toolbar_image"
    android:layout_width="match_parent"
    android:layout_height="match_parent"
    android:fitsSystemWindows="true"
    android:scaleType="centerCrop"
    android:src="@drawable/some_drawable"
```

```
        app:layout_collapseMode="parallax" />

<android.support.v7.widget.Toolbar
        android:id="@+id/toolbar"
        android:layout_width="match_parent"
        android:layout_height="?attr/actionBarSize"
        app:layout_collapseMode="pin" />
```

(7) 在应用程序栏布局的下方，添加 RecyclerView：

```
<android.support.v7.widget.RecyclerView
        android:id="@+id/recycler_view"
        android:layout_width="match_parent"
        android:layout_height="match_parent"
        android:scrollbars="vertical"
        app:layout_behavior="@string/appbar_scrolling_view_behavior" />
```

(8) 最后，添加悬浮按钮（效果如图 6-2 所示）：

```
<android.support.design.widget.FloatingActionButton
        android:id="@+id/fab"
        android:layout_width="wrap_content"
        android:layout_height="wrap_content"
        android:layout_marginEnd="@dimen/fab_margin_end"
        app:layout_anchor="@id/app_bar"
        app:layout_anchorGravity="bottom|end" />
```

图 6-2

 可以将状态栏设置为半透明（并且这样做通常是理想的），以便透过状态栏看到应用程序栏的图像。通过将以下两项添加到 styles.xml 文件，可以实现该设置。

```
<item name="android:windowDrawsSystemBarBackgrounds">true</item>
<item name="android:statusBarColor">@android:color/transparent</item>
```

在第 5 章，我们已学习过 CoordinatorLayout，且已了解了它如何帮助实现许多 Material Design 功能。AppBarLayout 实现的功能类似，通常被用作可折叠工具栏的容器。

对于**可折叠工具栏布局**，有几点需要解释。首先，使用 android:layout_height="wrap_content" 会产生不同的效果，这取决于其 ImageView 所包含的图像的高度。这样做是为了在针对不同的屏幕尺寸和密度设计替代布局时，只需简单地按相应比例缩放图像即可。本例针对的是一个小型（480 dp×854 dp）的 240 dpi 设备，高为 192 dp。当然，可以将布局的高度单位设置为 dp，并在各种各样的 dimens.xml 文件中缩放该值。不过，还是需要缩放图像，因此将布局高度设置为 wrap_content 这种方法可谓一石二鸟。

其次，可折叠工具栏布局的另一个有趣之处在于控制它滚动的方式，如你所料，这是由 **layout_scrollFlags** 属性处理的。本例使用的是 scroll、exitUntilCollapsed 和 enterAlwaysCollapsed。这意味着工具栏永远不会从屏幕的顶部消失，且在列表不能再向下滚动之前，工具栏不会展开。

layout_scrollFlags 共有以下 5 个选项。

❑ scroll：能够滚动。
❑ exitUntilCollapsed：防止向上滚动时工具栏消失（在向下滚动之前忽略工具栏）。
❑ enterAlways：每当列表向下滚动时，工具栏展开。
❑ enterAlwaysCollapsed：工具栏仅从列表顶部展开。
❑ snap：工具栏吸附到指定位置，而不是滑动。

在可折叠工具栏中，除了 layout_collapseMode 属性可能造成的影响，图像视图几乎与其他地方可能会遇到的图像视图相同。layout_collapseMode 有两个可设值：pin 和 parallax。

❑ pin：列表和工具栏一起移动。
❑ parallax：列表和工具栏分开移动。

领会这些效果的最佳方式就是亲自尝试。这两个布局折叠模式都可以应用于图像下方的工具栏，但因为我们希望工具栏始终显示在屏幕上，所以无须关心它的折叠效果。

这里的 RecyclerView（包含数据）有一处与我们之前所使用的 RecyclerView 不同，那就是它包含如下代码行：

```
app:layout_behavior="@string/appbar_scrolling_view_behavior"
```

只需将该属性添加到位于应用程序栏下方的任何视图或视图组中，就可以协调两者的滚动效果。

　　在实现 Material Design 时，这些简单的类为我们节省了大量的工作，并使我们能够专注于提供功能。除了图像的大小外，创建适用于多数设备的布局所需的重构工作非常少。

　　虽然本例使用了 RecyclerView，但很可能会在应用程序栏下面放其他的视图或视图组。如果拥有 app:layout_behavior="@string/appbar_scrolling_view_behavior"属性，它们将与该应用程序栏一起移动。有一种布局特别适合此场景，那就是 **NestedScrollView**。举例来说，它看起来如下所示：

```
<android.support.v4.widget.NestedScrollView
    android:layout_width="match_parent"
    android:layout_height="match_parent"
    app:layout_behavior="@string/appbar_scrolling_view_behavior">

    <TextView
        android:id="@+id/nested_text"
        android:layout_width="match_parent"
        android:layout_height="wrap_content"
        android:padding="@dimen/nested_text_padding"
        android:text="@string/some_text"
        android:textSize="@dimen/nested_text_textSize" />

</android.support.v4.widget.NestedScrollView>
```

　　下一个合乎逻辑的步骤是创建一个用于填充 RecyclerView 的布局，但需要先准备数据。在本章，我们将开发一个应用程序组件，负责向用户呈现特定类别的原料列表，本示例中的类别是 Cheese（奶酪）。我们将应用**工厂模式**来创建这些对象。

6.2　应用数据工厂模式

　　在本节，我们将应用工厂模式来创建类型为 **Cheese** 的对象，它将实现 **Filling** 接口。每个对象都将包含几种属性，例如价格和热值。一些属性值将在列表项中显示，其他值可能只能通过展开视图来显示或只能通过代码访问。

　　设计模式的缺点很少，其中之一是很快就会积累大量的类。因此，在开始以下练习之前，请在 java 目录中创建一个名为 fillings 的新包。

　　请按照以下步骤，生成奶酪工厂。

　　(1) 在 fillings 包中新建一个名为 Filling 的接口，实现如下所示：

```
public interface Filling {

    String getName();
    int getImage();
    int getKcal();
    boolean isVeg();
```

```
    int getPrice();
}
```

(2) 接下来，创建一个名为 Cheese 的抽象类，实现 Filling 接口：

```
public abstract class Cheese implements Filling {
    private String name;
    private int image;
    private String description;
    private int kcal;
    private boolean vegetarian;
    private int price;

    public Cheese() {}

    public abstract String getName();

    public abstract int getImage();

    public abstract int getKcal();

    public abstract boolean getVeg();

    public abstract int getPrice();
}
```

(3) 创建一个名为 Cheddar 的具体类：

```
public class Cheddar extends Cheese implements Filling {

    @Override
    public String getName() {
        return "Cheddar";
    }

    @Override
    public int getImage() {
        return R.drawable.cheddar;
    }

    @Override
    public int getKcal() {
        return 130;
    }

    @Override
    public boolean getVeg() {
        return true;
    }

    @Override
    public int getPrice() {
        return 75;
```

```
        }
    }
```

(4) 仿照 Cheddar，创建其他几个 Cheese 类。

创建工厂后，我们需要一种方式来代表每种奶酪。为此，我们将创建列表项布局。

6.3 定位列表项布局

为了保持接口的整洁，我们将为 RecyclerView 列表创建一个非常简单的列表项，它将只包含一个图像、一个字符串和一个动作按钮，供用户将原料添加到三明治中。

初始列表项布局如图 6-3 所示。

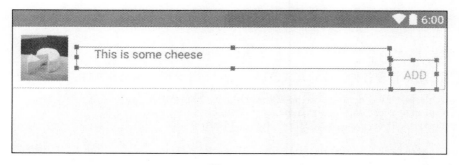

图 6-3

这看起来似乎是一个非常简单的布局，但除了眼前所见，背后还隐藏了许多东西。以下是这三个视图的代码。

图像：

```
<ImageView
    android:id="@+id/item_image"
    android:layout_width="@dimen/item_image_size"
    android:layout_height="@dimen/item_image_size"
    android:layout_gravity="center_vertical|end"
    android:layout_margin="@dimen/item_image_margin"
    android:scaleType="fitXY"
    android:src="@drawable/placeholder" />
```

标题：

```
<TextView
    android:id="@+id/item_name"
    android:layout_width="0dp"
    android:layout_height="wrap_content"
    android:layout_gravity="center_vertical"
    android:layout_weight="1"
```

```
    android:paddingBottom="@dimen/item_name_paddingBottom"
    android:paddingStart="@dimen/item_name_paddingStart"
    android:text="@string/placeholder"
    android:textSize="@dimen/item_name_textSize" />
```

动作按钮：

```
<Button
    android:id="@+id/action_add"
    style="?attr/borderlessButtonStyle"
    android:layout_width="wrap_content"
    android:layout_height="wrap_content"
    android:layout_gravity="center_vertical|bottom"
    android:layout_marginEnd="@dimen/action_marginEnd"
    android:minWidth="64dp"
    android:padding="@dimen/action_padding"
    android:paddingEnd="@dimen/action_paddingEnd"
    android:paddingStart="@dimen/action_paddingStart"
    android:text="@string/action_add_text"
    android:textColor="@color/colorAccent"
    android:textSize="@dimen/action_add_textSize" />
```

在这里，用来管理各种资源的方式值得一看。下面是 dimens.xml 文件：

```
<dimen name="item_name_paddingBottom">12dp</dimen>
<dimen name="item_name_paddingStart">24dp</dimen>
<dimen name="item_name_textSize">16sp</dimen>

<dimen name="item_image_size">64dp</dimen>
<dimen name="item_image_margin">12dp</dimen>

<dimen name="action_padding">12dp</dimen>
<dimen name="action_paddingStart">16dp</dimen>
<dimen name="action_paddingEnd">16dp</dimen>
<dimen name="action_marginEnd">12dp</dimen>
<dimen name="action_textSize">16sp</dimen>

<dimen name="fab_marginEnd">16dp</dimen>
```

很明显，有些属性值相同，只用五个标签即可实现同样的效果。但是，这样写代码可能会令人感到困惑，尤其是在以后需要更改值的时候。虽然采用了这种奢侈的写法，但这样写有一些隐藏的效率。动作按钮的填充和边距设置对于应用程序中的所有此类按钮都是相同的，可以从它们的名称中清楚地读取它们，且只需声明一次即可。同样，这个布局中的文本和图像在此应用程序中是独一无二的，因此也需要相应地为其属性值命名。这样做使得对单个属性值的调整更加清晰。

最后，使用 `android:minWidth="64dp"` 是 Material 的一种规定，旨在确保所有按钮对普通手指来说都足够宽。

这样就完成了此活动的布局，且我们的对象工厂也就位了。下面可以像以前一样使用数据适配器和 `ViewHolder` 填充 `RecyclerView`。

6.4 将工厂与 **RecyclerView** 一起使用

如本书前面简要介绍的那样，RecyclerView 使用内部 LayoutManager，通过使用适配器与数据集通信。这些适配器的功能与我们之前在本书中探讨过的适配器设计模式完全相同，可能看不到什么表面上的功能，主要是作为数据集和 RecyclerView 的布局管理器之间连接。适配器与 ViewHolder 桥接。适配器的工作与客户端代码完全分离，我们只需要几行代码就可以创建新的适配器和布局管理器。

考虑到这一点，且数据已就绪，我们可以通过以下简单步骤快速加入适配器。

(1) 首先，在主包中新建该类：

```
public class DataAdapter extends
RecyclerView.Adapter<DataAdapter.ViewHolder> {
```

(2) 它需要以下字段和构造函数。

```
private List<Cheese> cheeses;

public DataAdapter(List<Cheese> cheeses) {
    this.cheeses = cheeses;
}
```

(3) 下面添加 ViewHolder 作为内部类：

```
public static class ViewHolder extends RecyclerView.ViewHolder {
    public ImageView imageView;
    public TextView nameView;

    public ViewHolder(View itemView) {
        super(itemView);

        imageView = (ImageView) itemView.findViewById(R.id.item_image);
        nameView = (TextView) itemView.findViewById(R.id.item_name);
    }
}
```

(4) 有三个继承的方法需要重写，onCreateViewHolder()方法：

```
@Override
public DataAdapter.ViewHolder onCreateViewHolder(ViewGroup parent, int
viewType) {
    Context context = parent.getContext();
    LayoutInflater inflater = LayoutInflater.from(context);

    View cheeseView = inflater.inflate(R.layout.item_view, parent, false);

    return new ViewHolder(cheeseView);
}
```

(5) onBindViewHolder()方法：

```
@Override
public void onBindViewHolder(DataAdapter.ViewHolder viewHolder, int
position) {
    Cheese cheese = cheeses.get(position);

    ImageView imageView = viewHolder.imageView;
    imageView.setImageResource(cheese.getImage());

    TextView nameView = viewHolder.nameView;
    nameView.setText(cheese.getName());
}
```

(6) getItemCount()方法：

```
@Override
public int getItemCount() {
    return cheeses.size();
}
```

现在适配器已完成了，下面我们所需要关注的就是将它连接到我们的数据和 RecyclerView。连接是在主活动的 onCreate()方法中进行的。首先，需要创建所有奶酪的列表。有了我们的模式，这非常简单。下面的方法可以放在任何地方，但此处我们放在主活动中。

```
private ArrayList<Cheese> buildList() {
    ArrayList<Cheese> cheeses = new ArrayList<>();

    cheeses.add(new Brie());
    cheeses.add(new Camembert());
    cheeses.add(new Cheddar());
    cheeses.add(new Emmental());
    cheeses.add(new Gouda());
    cheeses.add(new Manchego());
    cheeses.add(new Roquefort());

    return cheeses;
}
```

 请注意，需要从 fillings 包中导入每个类。

下面可以通过将这些代码行添加到主活动中的 onCreate()方法，将适配器连接到 RecyclerView：

```
RecyclerView recyclerView = (RecyclerView)
findViewById(R.id.recycler_view);

ArrayList<Cheese> cheeses = buildList();
DataAdapter adapter = new DataAdapter(cheeses);
```

```
recyclerView.setLayoutManager(new LinearLayoutManager(this));
recyclerView.setAdapter(adapter);

recyclerView.setHasFixedSize(true);
```

最引人注目的事情就是所需的客户端代码是那么少、那么不言自明。不仅是设置 RecyclerView 和适配器的代码，构建列表的代码也是如此。如果没有这种模式，我们最终会得到这样的代码：

```
cheeses.add(new Cheese("Emmental", R.drawable.emmental), 120, true, 65);
```

下面可以在设备上测试该项目了，如图 6-4 所示。

图 6-4

这里使用的线性布局管理器并不是唯一可用的。还有另外两个管理器，一个用于网格布局，另一个用于交错布局。它们可以按如下方式使用：

```
recyclerView.setLayoutManager(new StaggeredGridLayoutManager(3,
StaggeredGridLayoutManager.VERTICAL));
```

```
recyclerView.setLayoutManager(new GridLayoutManager(this, 2));
```

然后，只需稍微调整布局文件即可。我们甚至可以提供替代布局，使用户可以选择他们喜欢的样式。

从视觉的角度来看，我们已做好了一切准备。但是，在这样一个稀疏的列表项设计中，最好在列表项之间添加分隔符。虽然这并不像人们想象的那么简单，但添加的过程过程依然简单而优雅。

6.5   添加分隔符

在 RecyclerView 之前，ListView 带有自己的分隔元素，而 RecyclerView 没有。然而，这不应该被视作不足，因为后者有更大的灵活性。

通过在列表项布局的底部添加一个非常窄的视图来创建分隔符似乎很诱人，但这被认为是非常糟糕的做法，因为当列表项被移动或取消时，分隔符会随之移动。

RecyclerView 使用内部类 **ItemDecation**，为列表项之间以及空白和高亮处提供分隔符。它还有个非常有用的子类 ItemTouchHelper。当我们学习如何滑动卡片以及取消卡片时，很快就会遇到这个子类。

首先，按照以下步骤在 RecyclerView 中添加分隔符。

(1) 新建 ItemDecoration 类：

```
public class ItemDivider extends RecyclerView.ItemDecoration
```

(2) 添加 Drawable 字段：

```
Private Drawable divider;
```

(3) 接下来，是实现构造方法：

```
public ItemDivider(Context context) {
    final TypedArray styledAttributes =
context.obtainStyledAttributes(ATTRS);
    divider = styledAttributes.getDrawable(0);
    styledAttributes.recycle();
}
```

(4) 然后重写 onDraw()方法：

```
@Override
public void onDraw(Canvas canvas, RecyclerView parent, RecyclerView.State
state) {
    int left = parent.getPaddingLeft();
    int right = parent.getWidth() - parent.getPaddingRight();

    int count = parent.getChildCount();
    for (int i = 0; i < count; i++) {
```

```
            View child = parent.getChildAt(i);

            RecyclerView.LayoutParams params = (RecyclerView.LayoutParams)
                    child.getLayoutParams();

            int top = child.getBottom() + params.bottomMargin;
            int bottom = top + divider.getIntrinsicHeight();

            divider.setBounds(left, top, right, bottom);
            divider.draw(canvas);
        }
    }
```

(5) 现在需要的只是在活动的 `onCreate()` 方法中，在设置 `LayoutManager` 后，实例化分隔符：

```
recyclerView.addItemDecoration(new ItemDivider(this));
```

上述代码提供了列表项之间的系统分隔符，而 `ItemDecoration` 可以使创建**自定义分隔**非常简单。

只需依照以下两个步骤，就可以看到它是如何实现的。

(1) 在 drawable 目录下创建一个名为 item_divider.xml 的 XML 文件：

```
<?xml version="1.0" encoding="utf-8"?>
<shape xmlns:android="http://schemas.android.com/apk/res/android"
    android:shape="rectangle">
    <size android:height="1dp" />
    <solid android:color="@color/colorPrimaryDark" />
</shape>
```

(2) 为 `ItemDivider` 类添加第二个构造方法：

```
public ItemDivider(Context context, int resId) {
    divider = ContextCompat.getDrawable(context, resId);
}
```

(3) 然后，使用以下代码替换活动中的分隔符初始化代码：

```
recyclerView.addItemDecoration(new ItemDivider(this,
R.drawable.item_divider));
```

运行时，这两种技术将产生如图 6-5 所示的结果。

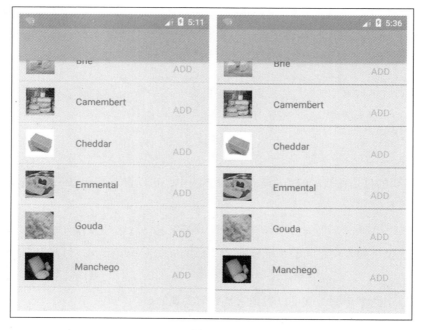

图   6-5

前面的方法中分隔符的绘制在视图之前。如果想要一个奇特的分隔符并希望它的
一部分与视图重叠，那么需要重写 onDrawOver() 方法，这会使得分隔符的绘
制在视图之后。

下面是时候开始为项目添加一些功能了。首先，我们将考虑为悬浮按钮提供的功能。

6.6　配置悬浮按钮

到目前为止，我们的布局只提供了一个操作，即每个列表项上的**添加**动作按钮。添加的列表
项用于包括用户最终选择的三明治原料。确保用户点击一次就能完成消费是一个好主意，因此我
们将为活动添加结账功能。

首先，需要的一个图标。本书前面使用的 Asset Studio 也许是图标的最佳来源。对于为项目
添加图标来说，这是一种很好的方式，主要是因为它会自动生成所有可用屏幕密度的版本。 然
而，图标的数量有限，Asset Studio 中没有购物车图标。这里有两种选择，我们可以在网上找图
标，或者可以设计自己的图标。

网上有大量符合 Material 的图标，Google 也有自己的图标，可在 Material Design 网站 Icons
页面找到。

许多开发者更喜欢设计他们自己的图形，总会有找不到所需图标的时候。Google 还提供了一个全面的图标设计指南，参见 Material Design 网站 Product icons 页面。

无论做何选择，都可以通过按钮的 src 属性将其添加到按钮中，如下所示：

```
android:src="@drawable/ic_cart"
```

创建了图标后，我们现在需要考虑颜色。根据 Material Design 指南，操作图标和系统图标应与主文本或次文本的颜色相同。这并不是两种灰色（有人可能会这样想），而是由透明度来定义的。之所以这样做，是因为透明度在彩色背景上的效果比使用灰色的效果好得多。到目前为止，我们已使用了默认的文本颜色，但还没有将其包含在 styles.xml 文件中，这很容易实现。有关 Material 的文本颜色规则如图 6-6 所示。

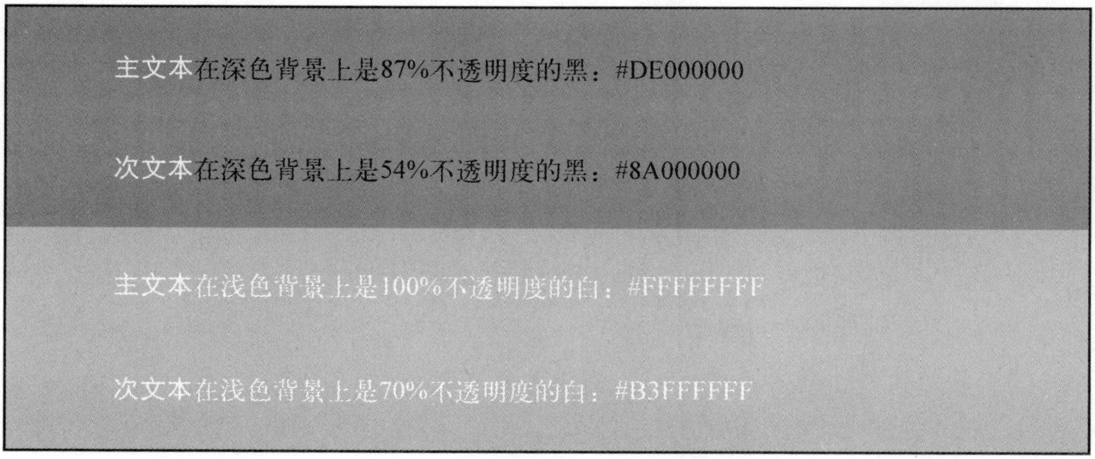

主文本在深色背景上是87%不透明度的黑：#DE000000

次文本在深色背景上是54%不透明度的黑：#8A000000

主文本在浅色背景上是100%不透明度的白：#FFFFFFFF

次文本在浅色背景上是70%不透明度的白：#B3FFFFFF

图　6-6

要为主题创建主文本和次文本颜色，请将以下代码添加到 colors 文件中：

```
<color name="text_primary_dark">#DE000000</color>
<color name="text_secondary_dark">#8A000000</color>

<color name="text_primary_light">#FFFFFFFF</color>
<color name="text_secondary_light">#B3FFFFFF</color>
```

然后，根据背景色调将相应的代码行添加到 styles 文件中，比如：

```
<item name="android:textColorPrimary">@color/text_primary_light</item>
<item name="android:textColorSecondary">@color/text_secondary_light</item>
```

如果你使用了 Image Asset 或是下载了 Google 的一个 Material 图标，则系统会自动将主文本颜色应用于悬浮按钮（floating action button，FAB）图标。否则需要直接为图标着色。

下面可以通过两个步骤激活工具栏和 FAB。

(1) 在主活动的 onCreate() 方法中添加代码：

```
Toolbar toolbar = (Toolbar) findViewById(R.id.toolbar);
setSupportActionBar(toolbar);
```

(2) 将以下点击事件的监听器添加到活动的 onCreate() 方法中：

```
FloatingActionButton fab = (FloatingActionButton) findViewById(R.id.fab);
fab.setOnClickListener(new View.OnClickListener() {

    @Override
    public void onClick(View view) {
        //系统取消对话框
    }
});
```

现在，当滚动视图时，FAB 图标和工具栏标题将可见并正确显示动画（见图 6-7）。

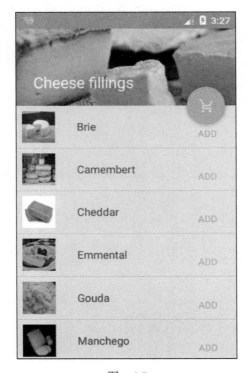

图　6-7

单击 FAB 应该将用户带到另一个活动，即结账活动。但是，用户可能误点了按钮，因此我们应先向他们提供一个对话框，以便他们确认选择。

6.7 对话框建造者

对话框对绝大多数应用程序（少数除外）来说是必不可少的。Android 的对话框还提供了一个用来了解框架本身是如何使用设计模式的好方法。在本场景下，这个好方法即对话框建造者。对话框建造者将一系列 setter 串在一起，构成我们的对话框。

在当前的场景下，我们真正需要的是一个非常简单的对话框——允许用户确认他们的选择。但是对话框构造是一个非常有趣的主题，因此我们将更深入地了解它是如何实现的，以及如何使用内置的建造者模式来构造它们。

我们即将构造的对话框，如果选择确认，则会把用户带到另一个活动，因此我们在构造对话框之前，应该先创建该活动。在项目资源管理器菜单中选择 New | Activity | Blank Activity（新建|活动|空白活动）很容易完成创建。这里，我们将新建的活动称为 CheckoutActivity.java。

创建此活动后，请执行以下两个步骤。

(1) 我们将构建悬浮按钮的点击事件以及填充对话框。这些代码非常冗长，因此新建一个名为 buildDialog() 的方法，并将以下两行代码添加到 onCreate() 方法的底部。

```
fab = (FloatingActionButton) findViewById(id.fab);
buildDialog(fab);
```

(2) 然后，方法定义如下所示（效果见图 6-8）：

```
private void buildDialog(FloatingActionButton fab) {
    fab.setOnClickListener(new View.OnClickListener() {

        @Override
        public void onClick(View view) {
            AlertDialog.Builder builder = new
AlertDialog.Builder(MainActivity.this);

            LayoutInflater inflater =
MainActivity.this.getLayoutInflater();

        builder.setTitle(R.string.checkout_dialog_title)

                .setMessage(R.string.checkout_dialog_message)

                .setIcon(R.drawable.ic_sandwich_primary)

                .setPositiveButton(R.string.action_ok_text, new
DialogInterface.OnClickListener() {

                    public void onClick(DialogInterface dialog, int id) {
                        Intent intent = new Intent(MainActivity.this,
CheckoutActivity.class);
                        startActivity(intent);
```

```
                    }
            })

                .setNegativeButton(R.string.action_cancel_text, new
    DialogInterface.OnClickListener() {

                    public void onClick(DialogInterface dialog, int id) {
                        //系统取消对话框
                    }
                });

            AlertDialog dialog = builder.create();
            dialog.show();
        }
    });
}
```

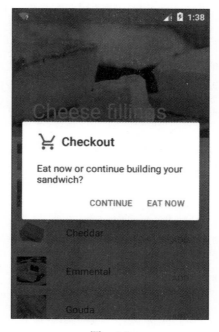

图　6-8

　　对于这样一个简单的对话框，并不需要标题和图标，这些仅作为示例包含在内。AlertDialog.
Builder 提供了许多其他属性，可以在 Android Developer 网站找到一个全面的指南"AlertDialog.
Builder"。

　　这种便捷的方法，可以用来组合几乎所有我们能想到的警报对话框，但也有一些不足之处。
例如，上面的对话框使用默认主题为按钮文本着色。若自定义主题也可以适用于对话框就好了。
这通过创建自定义对话框可以轻松实现。

自定义对话框

　　如你所料，使用 XML 布局文件定义自定义对话框的方式与设计其他布局的方式相同。此外，可以在建造者链中填充此布局，这意味着我们可以在同一对话框中组合自定义的功能和默认的功能。

　　自定义对话框只需两个步骤。

　　(1) 首先，创建一个名为 checkout_dialog.xml 的新布局资源文件并实现它，如下所示。

```xml
<?xml version="1.0" encoding="utf-8"?>
<LinearLayout xmlns:android="http://schemas.android.com/apk/res/android"
    android:layout_width="match_parent"
    android:layout_height="match_parent"
    android:orientation="vertical"
    android:theme="@style/AppTheme">

    <ImageView
        android:id="@+id/dialog_title"
        android:layout_width="match_parent"
        android:layout_height="@dimen/dialog_title_height"
        android:src="@drawable/dialog_title" />

    <TextView
        android:id="@+id/dialog_content"
        android:layout_width="wrap_content"
        android:layout_height="wrap_content"
        android:paddingStart="@dimen/dialog_message_padding"
        android:text="@string/checkout_dialog_message"
        android:textAppearance="?android:attr/textAppearanceSmall"
        android:textColor="@color/text_secondary_dark" />
</LinearLayout>
```

　　(2) 然后，编辑 buildDialog() 方法，代码实现如下所示。之前的方法变化的地方已显示。

```java
private void buildDialog(FloatingActionButton fab) {
    fab.setOnClickListener(new View.OnClickListener() {

        @Override
        public void onClick(View view) {
            AlertDialog.Builder builder = new
AlertDialog.Builder(MainActivity.this);

            LayoutInflater inflater =
MainActivity.this.getLayoutInflater();

            builder.setView(inflater.inflate(layout.checkout_dialog, null))

                    .setPositiveButton(string.action_ok_text, new
DialogInterface.OnClickListener() {
                        public void onClick(DialogInterface dialog, int id){
                            Intent intent = new Intent(MainActivity.this,
CheckoutActivity.class);
```

```
                        startActivity(intent);
                    }
                })
                .setNegativeButton(string.action_cancel_text, new
DialogInterface.OnClickListener() {
                    public void onClick(DialogInterface dialog, int id){
                        //系统取消对话框
                    }
                });

        AlertDialog dialog = builder.create();
        dialog.show();

        Button cancelButton =
dialog.getButton(DialogInterface.BUTTON_NEGATIVE);
cancelButton.setTextColor(getResources().getColor(color.colorAccent));

        Button okButton =
dialog.getButton(DialogInterface.BUTTON_POSITIVE);
okButton.setTextColor(getResources().getColor(color.colorAccent));
        }
    });
}
```

这里使用 `AlertDialog.Builder` 将视图设置为自定义布局。这需要布局资源和父级，但在这种情况下，我们在监听器中构建，因此父级保持为 `null`。

当在设备上测试时，输出应该如图 6-9 所示。

图 6-9

值得注意的是，在为按钮定义字符串资源时，更好的做法是**不将整个字符串大写**，而是只将第一个字母大写。例如，以下代码定义了上一个示例中的按钮上的文本。

```
<string name="action_ok_text">Eat now</string>
<string name="action_cancel_text">Continue</string>
```

在本例中，我们自定义了对话框的标题和内容，但仍然使用了系统提供的 OK 和 CANCEL 按钮，我们可以将自定义内容与许多对话框的 setter 混合搭配。

在继续之前，我们将为 `RecyclerView` 提供更多的功能形式——滑动操作和取消操作。

6.8 添加滑动操作和取消操作

在这个特定的应用程序中，不太可能需要滑动操作和取消操作，因为列表很短，并且允许用户编辑列表也没有什么好处。但是，为了能够看到这个重要且有用的功能是如何应用的，我们将在这里实现它，尽管不会将它包含在最终的设计中。

滑动操作以及拖放操作主要由 **ItemTouchHelper** 管理，`ItemTouchHelper` 是一种 `RecyclerView.ItemDecoration`。为该类提供的回调允许我们检测列表项的移动和方向，可以拦截这些操作并在代码中响应它们。

如你在此处所见，实现滑动操作和取消操作只需要几个步骤。

(1) 首先，列表长度会改变，因此删除代码行 `recyclerView.setHasFixedSize(true);` 或将其设置为 `false`。

(2) 保持 `onCreate()` 方法尽可能简单总是一个好主意，因为那里经常会有很多事情发生。我们将创建一个单独的方法来初始化我们的 `ItemTouchHelper`，并从 `onCreate()` 方法中调用它，方法如下所示：

```
private void initItemTouchHelper() {
    ItemTouchHelper.SimpleCallback callback = new
ItemTouchHelper.SimpleCallback(0, ItemTouchHelper.LEFT |
ItemTouchHelper.RIGHT) {

        @Override
        public boolean onMove(RecyclerView recyclerView,
RecyclerView.ViewHolder viewHolder, RecyclerView.ViewHolder viewHolder1) {
            return false;
        }

        @Override
        public void onSwiped(RecyclerView.ViewHolder viewHolder, int
direction) {
            int position = viewHolder.getAdapterPosition();
            adapter.removeItem(position);
```

```
        }
    };

    ItemTouchHelper itemTouchHelper = new ItemTouchHelper(callback);
    itemTouchHelper.attachToRecyclerView(recyclerView);
}
```

(3) 现在将以下代码添加到 onCreate() 方法中。

```
InitItemTouchHelper();
```

虽然执行了六个函数，但 onCreate() 方法仍然简洁明了。

```
@Override
protected void onCreate(Bundle savedInstanceState) {
    super.onCreate(savedInstanceState);
    setContentView(layout.activity_main);

    Toolbar toolbar = (Toolbar) findViewById(id.toolbar);
    setSupportActionBar(toolbar);

    final ArrayList<Cheese> cheeses = buildList();
    adapter = new DataAdapter(cheeses);

    recyclerView = (RecyclerView) findViewById(id.recycler_view);
    recyclerView.setLayoutManager(new LinearLayoutManager(this));
    recyclerView.addItemDecoration(new ItemDivider(this));
    recyclerView.setAdapter(adapter);

    initItemTouchHelper();

    fab = (FloatingActionButton) findViewById(id.fab);
    buildDialog(fab);
}
```

如果此时测试应用程序，你会注意到，虽然滑动时列表项从屏幕上消失，但间隙不会变小。这是因为我们还没有告知 RecyclerView 它已被删除。虽然可以通过 initItemTouchHelper() 方法实现该目的，但该操作属于适配器类，因为它使用了适配器类的方法。请将以下方法添加到适配器，以完成此任务。

```
public void removeItem(int position) {
    cheeses.remove(position);
    notifyItemRemoved(position);
    notifyItemRangeChanged(position, cheeses.size());
}
```

当删除列表项时，RecyclerView 列表将重新排序，如图 6-10 所示。

图 6-10

在本例中，用户不论怎么滑动都可以删除一个列表项，这对于我们当前场景很好。但是很多时候滑动的区别非常有用，许多移动应用程序使用右滑动来接受某一项，而左滑动是删除某一项。这通过使用 onSwiped() 方法的方向参数可以很容易实现。例如：

```
if (direction == ItemTouchHelper.LEFT) {
    Log.d(DEBUG_TAG, "Swiped LEFT");
} else {
    Log.d(DEBUG_TAG, "Swiped RIGHT");
}
```

在本章前面的内容中，我们使用了原生模式 AlertDialog.Builder 来构建布局。如创建型模式一样，过程背后的逻辑对我们来说是隐藏的。但建造者设计模式提供了一个非常好的机制，用于构建来自各个视图组件的布局和视图组，我们将在下面看到。

6.9 构建布局建造者

到目前为止，本书构建的所有布局都是静态的 XML 定义。但是，如你所料，完全可以从源代码动态构建和填充 UI。此外，Android 布局非常适合建造者模式，如我们在警报对话框中看到的那样，因为它们由有序的较小对象集合组成。

下面的示例将遵循建造者设计模式，用一系列预定义的**布局视图**填充线性布局。和前面一样，我们将从接口构建抽象类和具体类。我们将创建两种布局项，标题或 headline 视图以及 content 视图，然后构造几个可以由建造者构建的具体示例。由于所有视图都有一些共同的特征（在本例中为文本和背景色），我们将通过另一个接口来避免复制方法，并且使用视图自身的扩展来处理着色。

为了更好地了解其工作原理，请启动一个新的 Android 项目，并按照以下步骤构建模式。

(1) 创建一个名为 builder 的内部包。将以下类都添加到此包中。

(2) 为视图类创建以下接口：

```
public interface LayoutView {

    ViewGroup.LayoutParams layoutParams();
    int textSize();
    int content();
    Shading shading();
    int[] padding();
}
```

(3) 下面为文本和背景色创建接口：

```
public interface Shading {

    int shade();
    int background();
}
```

(4) 我们将创建 Shading 的具体实现示例：

```
public class HeaderShading implements Shading {

    @Override
    public int shade() {
        return R.color.text_primary_dark;
    }

    @Override
    public int background() {
        return R.color.title_background;
    }
}


public class ContentShading implements Shading {

    ...
        return R.color.text_secondary_dark;
    ...

    ...
        return R.color.content_background;
    ...
}
```

(5) 现在可以创建我们想要的两种视图的抽象实现，应该如下所示：

```
public abstract class Header implements LayoutView {

    @Override
    public Shading shading() {
        return new HeaderShading();
    }
}


public abstract class Content implements LayoutView {

    ...
        return new ContentShading();
    ...
}
```

(6) 接下来，我们需要创建这两种类型的具体类。首先是 Header：

```
public class Headline extends Header {

    @Override
    public ViewGroup.LayoutParams layoutParams() {
        final int width = ViewGroup.LayoutParams.MATCH_PARENT;
        final int height = ViewGroup.LayoutParams.WRAP_CONTENT;

        return new ViewGroup.LayoutParams(width,height);
    }

    @Override
    public int textSize() {
        return 24;
    }

    @Override
    public int content() {
        return R.string.headline;
    }

    @Override
    public int[] padding() {
        return new int[]{24, 16, 16, 0};
    }
}


public class SubHeadline extends Header {

    ...

    @Override
    public int textSize() {
```

```
        return 18;
    }

    @Override
    public int content() {
        return R.string.sub_head;
    }

    @Override
    public int[] padding() {
        return new int[]{32, 0, 16, 8};
    }
    ...
```

(7) 然后是 Content：

```
public class SimpleContent extends Content {

    @Override
    public ViewGroup.LayoutParams layoutParams() {
        final int width = ViewGroup.LayoutParams.MATCH_PARENT;
        final int height = ViewGroup.LayoutParams.MATCH_PARENT;

        return new ViewGroup.LayoutParams(width, height);
    }

    @Override
    public int textSize() {
        return 14;
    }

    @Override
    public int content() {
        return R.string.short_text;
    }

    @Override
    public int[] padding() {
        return new int[]{16, 18, 16, 16};
    }
}


public class DetailedContent extends Content {

    ...
        final int height = ViewGroup.LayoutParams.WRAP_CONTENT;
    ...
    @Override
    public int textSize() {
        return 12;
    }

    @Override
    public int content() {
        return R.string.long_text;
```

```
    }

    ...

}
```

我们的模型已完成，并为每种类型的视图都准备了两个单独的视图和颜色设置。下面可以创建一个辅助类，以便按照我们希望的顺序将这些视图放在一起。这里我们将只创建两个方法，一个用于简单输出，另一个用于更详细的布局。

建造者如下所示：

```
public class LayoutBuilder {

    public List<LayoutView> displayDetailed() {
        List<LayoutView> views = new ArrayList<LayoutView>();
        views.add(new Headline());
        views.add(new SubHeadline());
        views.add(new DetailedContent());
        return views;
    }

    public List<LayoutView> displaySimple() {
        List<LayoutView> views = new ArrayList<LayoutView>();
        views.add(new Headline());
        views.add(new SimpleContent());
        return views;
    }
}
```

该模式的类图如图 6-11 所示。

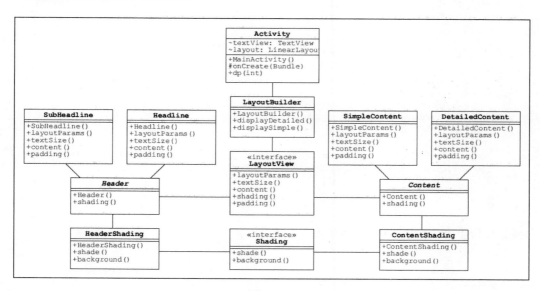

图 6-11

如通常使用建造者模式及其他模式的意图一样，我们刚才所做的所有工作都是为了向客户端代码隐藏模型逻辑，在我们的示例中，尤其是对当前活动和 onCreate() 方法隐藏模型逻辑。

当然，我们可以按照主 XML 活动提供的默认根视图组来填充这些视图，但是动态生成这些视图通常也很有用，尤其是如果我们想要生成嵌套布局的话。

下面的活动演示了如何使用建造者动态地填充布局：

```java
public class MainActivity extends AppCompatActivity {
    TextView textView;
    LinearLayout layout;

    @Override
    protected void onCreate(Bundle savedInstanceState) {
        final int width = ViewGroup.LayoutParams.MATCH_PARENT;
        final int height = ViewGroup.LayoutParams.WRAP_CONTENT;

        super.onCreate(savedInstanceState);

        layout = new LinearLayout(this);
        layout.setOrientation(LinearLayout.VERTICAL);
        layout.setLayoutParams(new ViewGroup.LayoutParams(width, height));

        setContentView(layout);

        //可以使用 layoutBuilder.displaySimple() 替代
        LayoutBuilder layoutBuilder = new LayoutBuilder();
        List<LayoutView> layoutViews = layoutBuilder.displayDetailed();

        for (LayoutView layoutView : layoutViews) {
            ViewGroup.LayoutParams params = layoutView.layoutParams();
            textView = new TextView(this);

            textView.setLayoutParams(params);
            textView.setText(layoutView.content());
            textView.setTextSize(TypedValue.COMPLEX_UNIT_SP,
layoutView.textSize());
            textView.setTextColor(layoutView.shading().shade());
textView.setBackgroundResource(layoutView.shading().background());

            int[] pad = layoutView.padding();
            textView.setPadding(dp(pad[0]), dp(pad[1]), dp(pad[2]), dp(pad[3]));
            layout.addView(textView);
        }
    }
}
```

还需要以下方法，用于将 px 转换为 dp。

```java
public int dp(int px) {
    final float scale = getResources().getDisplayMetrics().density;
    return (int) (px * scale + 0.5f);
}
```

当在设备上运行时，将产生图 6-12 中两种 UI 之一。

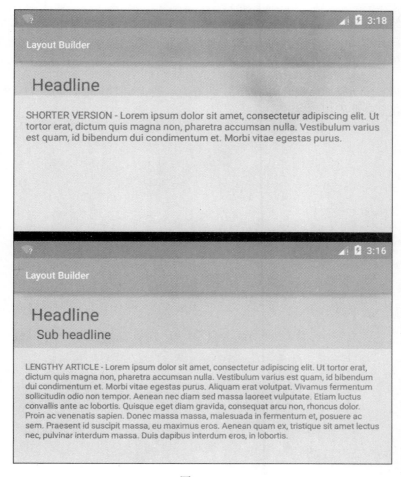

图 6-12

如预期一样，客户端代码简单、简短，易于遵循。

编程的方式和静态的布局都不是必须使用的，且两者可以混合使用。可以用 XML 设计视图，然后像我们在 Java 中所做的那样填充它们。我们甚至还可以用前面示例中的模式。

这里可以介绍更多的内容，比如如何包含其他类型的视图，或者图像使用适配器或桥接模式，不过本书稍后会介绍混合模式。目前，我们已了解了布局建造者的工作原理，以及它是如何将其逻辑与客户端代码分离的。

6.10   小结

本章已介绍了很多内容。我们首先创建了可折叠工具栏和功能性的 RecyclerView；然后了解了如何在大部分布局中添加基本功能，以及如何将工厂模式应用于特定案例；之后探索了如何使用内置的和创建的建造者来构建详细的布局。

下一章将进一步研究如何响应用户活动。现在有一些正在工作的小部件和视图，我们将学习如何将它们连接到一些有用的逻辑。

第 7 章

混合模式

我们已了解了模式如何帮助组织代码以及如何将模式应用于 Android 应用程序，但我们一次只应用了一种模式。随着需要执行的任务变得更加复杂，我们需要同时应用多种模式，例如装饰者模式和建造者模式，甚至需要将它们组合成**混合模式**，这就是本章将介绍的内容。

我们首先要考虑更复杂的 UI 及其背后的代码，为此需要更精确地思考我们希望应用程序做的事情。反过来，这将引导我们学习**原型模式**，原型模式提供了一种非常有效的方法，用于从原始的克隆对象创建对象。

接下来将探讨**装饰者模式**，我们将讲解装饰者模式如何用于向现有类添加额外功能。装饰者通常被称为包装器（wrapper），用于为现有代码提供附加功能。这对我们的"三明治制作应用程序"特别有用，因为它允许我们增加选项，例如订购开放式三明治或烘烤面包。这些功能不在原料中，却是三明治供应商希望我们提供的东西。装饰者模式非常适合此任务。

下面简要地介绍一下备选方案。我们构建一个建造者模式，以构成系统的基础，将其连接到 UI，以便用户可以通过选择可选项和原料组合一个简单的三明治。随后，我们将把装饰者连接到此建造者，以提供更多选项。

在本章，你将学到以下内容：

❑ 创建原型模式；
❑ 创建装饰者模式；
❑ 扩展装饰者；
❑ 将建造者连接到 UI；
❑ 管理复合按钮；
❑ 混合模式。

下面开始仔细考虑应用程序的细节、它可以做什么以及应该做什么。我们需要考虑潜在客户，并设计一些简单易用的功能。功能需要易于使用且显而易见，最重要的是能使用户以最少的点击次数构建想要的三明治。稍后，我们将学习用户如何存储偏好，以及如何为用户提供部分已构建的三明治，使用户无须从头开始自定义。下面来看如何对三明治相关的对象和类进行分类。

7.1　概述规范

在前面的章节中，我们使用工厂模式创建了一个简单的三明治原料对象列表，并将其连接到了布局中。但是，我们只使用了一种馅料类型作为代表。在创建更复杂的系统之前，我们需要规划数据结构。为此，需要考虑为用户提供的选择。

首先，可以为用户提供哪些选项，使流程简单、有趣、直观呢？以下是潜在用户可能会希望此类应用程序提供的功能的清单：

- 订购现成的三明治，无须定制化；
- 定制现成的三明治；
- 从一些基础原料开始定制三明治；
- 订购或定制之前吃过的三明治；
- 从头开始构建三明治；
- 随时查看和编辑他们的三明治。

之前，我们已为奶酪创建了一个单独的菜单，但目录按照食物类型分类这个做法可能有些笨拙，想要培根、生菜和番茄三明治的用户可能需要访问三个单独的菜单。我们可以通过多种方式解决这个问题，这主要取决于个人选择。在这里，我们将尝试遵循我们自己制作三明治时可能经历的过程进行分类，如下所示。

(1) 面包
(2) 黄油
(3) 馅料
(4) 浇头

浇头指的是蛋黄酱、胡椒、芥末，等等。我们将使用这些类别作为类结构的基础。如果这些类别都属于相同类型的类就好了，但因为一些细微的差异导致它们无法相同。

面包：没有人会订购没有面包的三明治；没有面包，就不是三明治。我们像对待原料一样对待面包，这一点用户是可以理解的。此外，我们将提供一个开放式三明治的选项（这个选项使我们的应用程序更复杂）和一个烤面包的选项。

黄油：同样，我们很容易认为添加黄油是不言而喻的。但是有些顾客会想要低脂的，有些顾客甚至一点脂肪也不想要。幸运的是，有一个模式非常适合这个目的，那就是装饰者模式。

馅料和浇头：虽然这些类很容易共享相同的属性和实例（如果两者都是从相同的类扩展而来的），但我们将分别处理它们，因为这将使构建菜单更加清晰。

有了这些规范，我们就可以开始考虑顶级菜单的外观了。我们将使用滑动式抽屉导航视图，并提供以下选项，见图 7-1。

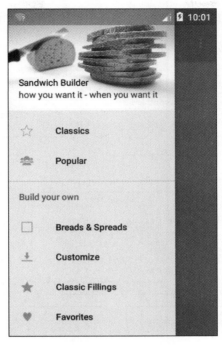

图　7-1

这使我们对目标有了大致的了解。使用模式的优点之一是可以轻松地修改它们，这意味着我们可以采取更直观的开发方法，因为即使是大规模的更改通常也只需要编辑最少的代码。

下一步是为概述的任务选择合适的模式。我们对工厂和建造者都很熟悉，两种模式都能实现我们想要的东西，但是还有另一种创建型模式——原型模式。原型模式也非常便利，虽然我们不会在当前这种情况下使用它，但一定会有需要使用它的时候。

7.2　原型模式

原型设计模式执行的任务与其他创建型模式（例如建造者模式和工厂模式）类似，但它采用了一种非常不同的方法。顾名思义，原型并不严重依赖许多硬编码的子类，而是复制了原始类，大大减少了所需的子类数量，并缩减了冗长的创建过程。

7.2.1　设置原型模式

当创建实例的花销过大时，原型模式最有用。这可能是加载大文件时、执行数据库交叉查询时，也可能是执行其他一些成本高昂的计算操作时。此外，原型模式允许我们将克隆对象与其原始对象分离，允许我们修改而无须每次都重新实例化。在下面的示例中，我们将使用在首次创建时需要相当长的时间来计算的函数来演示——第 n 个素数和第 n 个斐波那契数。

以图的方式查看，我们的原型将如图 7-2 所示。

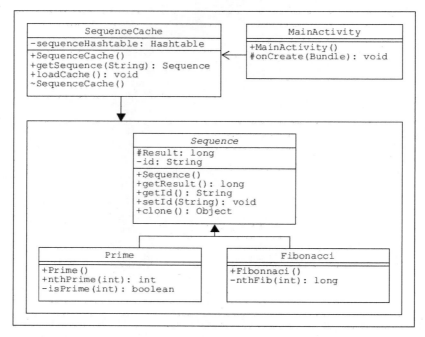

图   7-2

我们的主应用程序中不需要原型模式，因为昂贵的创建很少。但是，原型模式在许多情况下至关重要，不应忽视。请按照以下步骤应用原型模式。

(1) 我们将从以下抽象类开始：

```
public abstract class Sequence implements Cloneable {
    protected long result;
    private String id;

    public long getResult() {
        return result;
    }

    public String getId() {
        return id;
    }

    public void setId(String id) {
        this.id = id;
    }
```

```
public Object clone() {
    Object clone = null;

    try {
        clone = super.clone();

    } catch (CloneNotSupportedException e) {
        e.printStackTrace();
    }

    return clone;
    }
}
```

(2) 接下来，添加以下可复制的具体类：

```
//计算第10 000个素数
public class Prime extends Sequence {

    public Prime() {
        result = nthPrime(10000);
    }

    public static int nthPrime(int n) {
        int i, count;

        for (i = 2, count = 0; count < n; ++i) {
            if (isPrime(i)) {
                ++count;
            }
        }

        return i - 1;
    }

    //素数测试
    private static boolean isPrime(int n) {

        for (int i = 2; i < n; ++i) {
            if (n % i == 0) {
                return false;
            }
        }

        return true;
    }
}
```

(3) 为斐波那契数添加另一个 Sequence 类：

```
//计算第100个斐波那契数
public class Fibonacci extends Sequence {

    public Fibonacci() {
```

```
        result = nthFib(100);
    }

    private static long nthFib(int n) {
        long f = 0;
        long g = 1;

        for (int i = 1; i <= n; i++) {
            f = f + g;
            g = f - g;
        }

        return f;
    }
}
```

(4) 创建缓存类：

```
public class SequenceCache {
    private static Hashtable<String, Sequence> sequenceHashtable = new
Hashtable<String, Sequence>();

    public static Sequence getSequence(String sequenceId) {

        Sequence cachedSequence = sequenceHashtable.get(sequenceId);
        return (Sequence) cachedSequence.clone();
    }

    public static void loadCache() {

        Prime prime = new Prime();
        prime.setId("1");
        sequenceHashtable.put(prime.getId(), prime);
        Fibonacci fib = new Fibonacci();
        fib.setId("2");
        sequenceHashtable.put(fib.getId(), fib);
    }
}
```

(5) 向布局中添加三个文本视图，然后将代码添加到主活动的 onCreate() 中。

(6) 将以下代码行添加到客户端代码中：

```
//仅加载一次缓存
SequenceCache.loadCache();

//漫长的计算以及展示素数结果
Sequence prime = (Sequence) SequenceCache.getSequence("1");
primeText.setText(new StringBuilder()
        .append(getString(R.string.prime_text))
        .append(prime.getResult())
        .toString());

//漫长的计算以及展示斐波那契数结果
```

```
Sequence fib = (Sequence) SequenceCache.getSequence("2");
fibText.setText(new StringBuilder()
        .append(getString(R.string.fib_text))
        .append(fib.getResult())
        .toString());
```

如你所见，前面的代码创建了该模式，但没有演示该模式。一旦加载，缓存就可以创建我们以前昂贵的输出的即时副本。此外，我们可以修改副本，使原型在我们希望修改复杂对象的属性时非常有用。

7.2.2 应用原型模式

考虑一下你可能会在社交媒体网站上找到的详细的用户资料。用户可以修改图像、文字之类的细节，但资料的整体结构都相同，因此这是一个理想的原型模式使用场景。

要将此原理付诸实践，请在客户端源代码中添加以下代码（效果如图 7-3 所示）。

```
//创建已构造对象的克隆
Sequence clone = (Fibonacci) new Fibonacci().clone();

//修改结果
result = clone.getResult() / 2;

//快速显示结果
cloneText.setText(new StringBuilder()
        .append(getString(R.string.clone_text))
        .append(result)
        .toString());
```

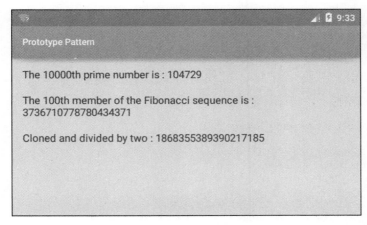

图 7-3

在很多情况下（我们需要创建昂贵的对象时或子类激增时），原型模式非常有用。然而，它并不是唯一有助于减少过度子类划分的模式。下面我们学习另一种设计模式——**装饰者**模式。

7.3   装饰者模式

虽然创建对象有开销，但是有时模型本质上需要大量的子类，而装饰者模式正好能派上用场。

以"三明治制作应用程序"中的面包为例。我们不仅想提供几种类型的面包，而且还想提供烤面包、开放式三明治以及涂抹酱选项。如果为每种面包都创建烘烤和开放式的版本，那么该项目很快就会变得无法管理。利用装饰者模式，我们可以在运行时向对象添加功能和属性，而不必对原始类结构进行任何更改。

7.3.1   设置装饰者模式

有人可能会认为**烘烤**和**开放式**等属性可以作为**面包**类的一部分，但这样做可能导致代码越来越笨重。我们想要**面包**和**馅料**继承自同一个类，比如说**原料**。这样做是有道理的，因为它们具有共同的属性，如价格和热值，并且我们希望它们都通过相同的布局结构显示。然而，对于馅料来说，烘烤和涂抹酱属性没有意义，因为会导致冗余。

装饰者模式可以解决这些问题。要了解如何应用装饰者模式，请执行以下步骤。

(1) 创建抽象类 `Bread` 来表示所有面包：

```
public abstract class Bread {
    String description;
    int kcal;

    public String getDescription() {
        return description;
    }

    public int getKcal() {
        return kcal;
    }
}
```

(2) 创建具体实例：

```
public class Bagel extends Bread {

    public Bagel() {
        description = "Bagel";
        kcal = 250;
    }
}


public class Bun extends Bread {

    public Bun() {
        description = "Bun";
```

```
            kcal = 150;
        }
    }
```

(3) 创建抽象的装饰者：

```
//所有面包的处理都是从此处扩展的
public abstract class BreadDecorator extends Bread {

    public abstract String getDescription();

    public abstract int getKcal();
}
```

(4) 装饰者需要四个扩展，分别代表两种涂抹酱以及开放式三明治和烤三明治。首先是装饰者 Butter：

```
public class Butter extends BreadDecorator {
    private Bread bread;

    public Butter(Bread bread) {
        this.bread = bread;
    }

    @Override
    public String getDescription() {
        return bread.getDescription() + " Butter";
    }

    @Override
    public int getKcal() {
        return bread.getKcal() + 50;
    }
}
```

(5) 在其他三个类中，只有 getter 的返回值不同，如下所示：

```
public class LowFatSpread extends BreadDecorator {
        return bread.getDescription() + " Low fat spread";
        return bread.getKcal() + 25;
}

public class Toasted extends BreadDecorator {
        return bread.getDescription() + " Toasted";
        return bread.getKcal() + 0;
}

public class Open extends BreadDecorator {
        return bread.getDescription() + " Open";
        return bread.getKcal() / 2;
}
```

以上就是设置装饰者模式所需执行的全部步骤。现在只需将它连接到某种工作界面即可。稍后，我们将使用菜单选择面包，并使用对话框添加装饰。

7.3.2   应用装饰者模式

用户将不得不在黄油和低脂涂抹酱之间选择（不过，可以通过添加另一个装饰者来添加**无涂抹酱**选项），但可以选择烤三明治和开放式三明治。

下面我们将使用调试器通过向管理活动的 onCreate() 方法添加如下代码来测试各种组合。请注意对象是如何链接的。

```
Bread bagel = new Bagel();

LowFatSpread spread = new LowFatSpread(bagel);

Toasted toast = new Toasted(spread);

Open open = new Open(toast);

Log.d(DEBUG_TAG, open.getDescription() + " " + open.getKcal());
```

输出应该如下所示。

```
D/tag: Bagel Low fat spread 275
D/tag: Bun Butter Toasted 200
D/tag: Bagel Low fat spread Toasted Open 137
```

装饰者模式可以用图 7-4 表示。

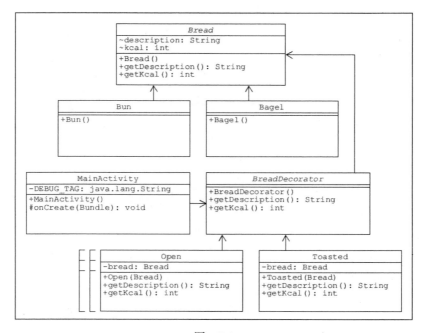

图   7-4

装饰者模式是非常有用的开发工具，可以应用于多种情况。除了帮助我们维护数量可控的具体类之外，装饰者模式还可以让面包超类继承与馅料类相同的接口，但保留和馅料不同的行为。

7.3.3 扩展装饰者模式

很容易扩展装饰者模式，以提供馅料选项。可以创建一个名为 Filling 的抽象类，除了名称之外，它与 Bread 相同。我们将通过以下代码实现扩展。

```
public class Lettuce extends Filling {

    public Lettuce() {
        description = "Lettuce";
        kcal = 1;
    }
}
```

还可以创建专用于馅料的装饰者，例如订购双份。FillingDecorator 类将从 Filling 抽象类扩展，其他地方与 BreadDecorator 相同，具体示例如下所示。

```
public class DoublePortion extends FillingDecorator {
    private Filling filling;

    public DoublePortion(Filling filling) {
        this.filling = filling;
    }

    @Override
    public String getDescription() {
        return filling.getDescription() + " Double portion";
    }

    @Override
    public int getKcal() {
        //双倍热值
        return filling.getKcal() * 2;
    }
}
```

我们将装饰者链接在一起以生成复合字符串的方式与建造者的工作方式非常相似，而且确实可以使用此模式生成整个三明治（包括所有原料）。在一些场景中，可选的模式往往有多个。如前文所述，建造者和抽象工厂都可以生成复杂的对象。在确定模型之前，需要找到最合适的模式，有时甚至要使用模式的组合。

建造者模式似乎是最佳选择，因此我们先看一下建造者模式。

7.4   三明治建造者模式

建造者模式的目的是将简单的对象结合成一个复杂的对象，这与三明治的制作完美契合。在前文中，我们遇到了广义的建造者模式，但现在需要对它进行调整，以满足特定的功能需求。此外，我们将把该模式连接到一个可用的 UI，这样就可以根据用户的选择来制作三明治，而不是像前面的建造者示例那样提供固定的套餐。

7.4.1   应用模式

为了使代码保持简短，我们只为每种原料创建两个具体类，并使用按钮和文本视图来显示输出，而非 RecyclerView。只需参考以下步骤，即可创建三明治建造者模式。

(1) 从以下接口开始创建。

```
public interface Ingredient {

    public String description();

    public int kcal();
}
```

(2) 创建 Ingredient 的两个抽象实现，它们暂时是空的，但稍后我们会需要它们。

```
public abstract class Bread implements Ingredient {

    //所有面包类型的基类
}


public abstract class Filling implements Ingredient {

    //所有可能的馅料的基类
}
```

(3) 每种原料只需要两个具体类，以下是其中之一：Bagel 类。

```
public class Bagel extends Bread {

    @Override
    public String description() {
        return "Bagel";
    }

    @Override
    public int kcal() {
        return 250;
    }
}
```

(4) 创建另一个名为 Bun 的 Bread 子类,以及分别名为 Egg 和 Cress 的两个 Filling 子类。

(5) 随意为这些类提供描述和热值。

(6) 创建 Sandwich 类,如下所示。

```
public class Sandwich {
    private List<Ingredient> ingredients = new ArrayList<Ingredient>();

    //添加个别原料
    public void addIngredient(Ingredient i) {
        ingredients.add(i);
    }

    //计算总热值
    public int getKcal() {
        int kcal = 0;

        for (Ingredient ingredient : ingredients) {
            kcal += ingredient.kcal();
        }

        return kcal;
    }

    //选择完后,返回所有原料
    public String getSandwich() {
        String sandwich = "";

        for (Ingredient ingredient : ingredients) {
            sandwich += ingredient.description() + "\n";
        }
        return sandwich;
    }
}
```

(7) 三明治建造者类不需要像之前的示例那样提供固定的套餐,而是按需添加原料,如下所示。

```
public class SandwichBuilder {

    public Sandwich build(Sandwich sandwich, Ingredient ingredient) {
        sandwich.addIngredient(ingredient);
        return sandwich;
    }
}
```

至此,模式创建完毕。在开始创建 UI 之前,我们需要处理空的抽象类 Bread 和 Filling。它们似乎完全是多余的,但创建它们有两个原因。

第一个原因是,通过在一个公共接口中定义方法 description()和 kcal(),可以更容易地通过实现接口本身来创建既不是馅料又不是面包的原料。

要了解如何做,请将以下类添加到项目中。

```
public class Salt implements Ingredient {

    @Override
    public String description() {
        return "Salt";
    }

    @Override
    public int kcal() {
        return 0;
    }
}
```

图 7-5 展示了类的结构。

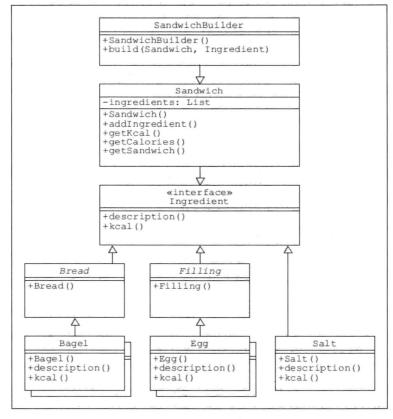

图　7-5

使用这些抽象类的第二个原因更有趣。前面示例中的 BreadDecorator 类直接使用抽象类 Bread，通过维护这种结构，我们可以轻松地将装饰者与原料类型相连。稍后会继续讨论这个问题，但先要构建一个 UI 来运行三明治建造者。

7.4.2 连接到 UI

在这个演示中,我们有两种馅料和两种面包。用户可以根据自己的意愿选择一种或两种馅料,但只能选择一种面包。分别使用**复选框**和**单选按钮**是不错的实现方案。还有一个加盐的选项,这种二选一的场景非常适合使用**开关小部件**。

首先创建布局,以下是所需的步骤。

(1) 选择垂直线性布局。

(2) 添加单选按钮组:

```
<RadioGroup xmlns:android="http://schemas.android.com/apk/res/android"
    android:layout_width="fill_parent"
    android:layout_height="wrap_content"
    android:orientation="vertical">

    <RadioButton
        android:id="@+id/radio_bagel"
        android:layout_width="wrap_content"
        android:layout_height="wrap_content"
        android:checked="false"
        android:paddingBottom="@dimen/padding"
        android:text="@string/bagel" />

    <RadioButton
        android:id="@+id/radio_bun"
        android:layout_width="wrap_content"
        android:layout_height="wrap_content"
        android:checked="true"
        android:paddingBottom="@dimen/padding"
        android:text="@string/bun" />
</RadioGroup>
```

(3) 添加复选框:

```
<CheckBox
    android:id="@+id/check_egg"
    android:layout_width="wrap_content"
    android:layout_height="wrap_content"
    android:checked="false"
    android:paddingBottom="@dimen/padding"
    android:text="@string/egg" />

<CheckBox
    android:id="@+id/check_cress"
    android:layout_width="wrap_content"
    android:layout_height="wrap_content"
    android:checked="false"
    android:paddingBottom="@dimen/padding"
    android:text="@string/cress" />
```

(4) 添加开关：

```
<Switch
    android:id="@+id/switch_salt"
    android:layout_width="wrap_content"
    android:layout_height="wrap_content"
    android:checked="false"
    android:paddingBottom="@dimen/padding"
    android:paddingTop="@dimen/padding"
    android:text="@string/salt" />
```

(5) 这是一个内嵌的相对布局，包含以下动作按钮：

```
<TextView
    android:id="@+id/action_ok"
    android:layout_width="wrap_content"
    android:layout_height="wrap_content"
    android:layout_alignParentEnd="true"
    android:layout_gravity="end"
    android:background="?attr/selectableItemBackground"
    android:clickable="true"
    android:gravity="center_horizontal"
    android:minWidth="@dimen/action_minWidth"
    android:onClick="onActionOkClicked"
    android:padding="@dimen/padding"
    android:text="@android:string/ok"
    android:textColor="@color/colorAccent" />

<TextView
    android:id="@+id/action_cancel"
    android:layout_width="wrap_content"
    android:layout_height="wrap_content"
    android:layout_gravity="end"
    android:layout_toStartOf="@id/action_ok"
    android:background="?attr/selectableItemBackground"
    android:clickable="true"
    android:gravity="center_horizontal"
    android:minWidth="@dimen/action_minWidth"
    android:padding="@dimen/padding"
    android:text="@string/action_cancel_text"
    android:textColor="@color/colorAccent" />
```

注意，OK 按钮中使用的 `android:onClick="onActionOkClicked"` 可以替代点击监听器，且标识了在视图被点击时会调用的所属活动的方法。这是非常便捷的技巧，不过它确实使模型和视图之间的界限变得模糊，且很容易出现错误。

在添加这个方法之前，需要声明和实例化几个字段和视图。请按照以下步骤完成练习。

(1) 在类中添加以下字段声明。

```
public SandwichBuilder builder;
public Sandwich sandwich;

private  RadioButton bagel;
public CheckBox egg, cress;
public Switch salt;
public TextView order;
```

(2) 实例化小部件：

```
bagel = (RadioButton) findViewById(R.id.radio_bagel);
egg = (CheckBox) findViewById(R.id.check_egg);
cress = (CheckBox) findViewById(R.id.check_cress);
salt = (Switch) findViewById(R.id.switch_salt);
order = (TextView) findViewById(R.id.text_order);
```

(3) 添加我们在 XML 中声明的 `onActionOkClicked()` 方法：

```
public void onActionOkClicked(View view) {
    builder = new SandwichBuilder();
    sandwich = new Sandwich();

    //单选按钮组
    if (bagel.isChecked()) {
        sandwich = builder.build(sandwich, new Bagel());
    } else {
        sandwich = builder.build(sandwich, new Bun());
    }

    //复选框
    if (egg.isChecked()) {
        sandwich = builder.build(sandwich, new Egg());
    }

    if (cress.isChecked()) {
        sandwich = builder.build(sandwich, new Cress());
    }

    //开关
    if (salt.isChecked()) {
        sandwich = builder.build(sandwich, new Salt());
    }

    //显示输出
    order.setText(new StringBuilder()
            .append(sandwich.getSandwich())
            .append("\n")
            .append(sandwich.getKcal())
            .append(" kcal")
            .toString());
}
```

7

现在可以在设备上测试这段代码。虽然使用的原料不多，但已清楚地展示了如何使用户自己选择三明治的原料（见图 7-6）。

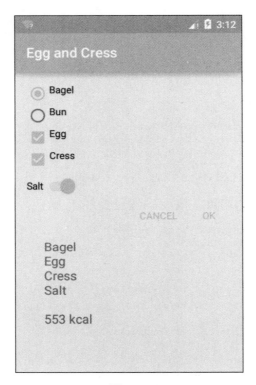

图   7-6

我们只需添加更多的原料并完善 UI 即可。原理不会变，结构和逻辑也同样适用。

尽管如此，上述示例缺乏我们之前看到的装饰者的特征，比如提供烘烤的品种、低脂涂抹酱。幸运的是，将装饰者附加到面包类和馅料类是非常简单的任务。在这样做之前，我们先简单地了解一下为什么建造者不是完成此任务的唯一可选模式。

7.5   选择模式

请看建造者和抽象工厂的对比图，见图 7-7。

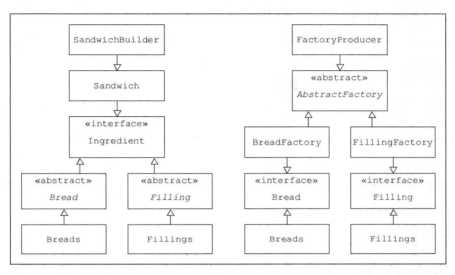

图　7-7

虽然在工作方式上存在差异，但建造者模式和抽象工厂模式之间有非常明显的相似之处，它们都执行类似的功能。我们可以很容易地使用抽象工厂来完成这项任务。工厂在添加或修改产品时更加灵活，在结构上也比较简单，但这两种模式之间有一个重要的区别，这决定了我们的选择。

工厂和建造者都生产对象，但主要的区别是工厂会根据对象的要求返回产品，这就像一份三明治，一次只配送一种原料。而建造者只在选择了所有产品之后才构建其输出，这更像是制作和交付三明治的行为。这就是在这种情况下建造者模式是最佳解决方案的原因。做出这个决定后，我们可以继续使用前面的代码，然后再添加一些额外的功能。

7.6　添加装饰者模式

如我们所知，添加更多功能的最佳方案之一是使用装饰者模式。我们已了解了装饰者模式是如何使用的，下面可以为我们简单的三明治建造者添加一个装饰者。每个装饰的结构几乎相同，只是它们返回的值不同，因此我们需要在这里创建一个装饰作为示例。

7.6.1　附加模式

请按照以下步骤，添加一个烤三明治的选项。

(1) 打开空的 `Bread` 类：

```
public abstract class Bread implements Ingredient {

    String decoration;
```

```
    int decorationKcal;

    public String getDecoration() {
        return decoration;
    }

    public int getDecorationKcal() {
        return decorationKcal;
    }
}
```

(2) 创建一个 `BreadDecorator` 类：

```
public abstract class BreadDecorator extends Bread {

    public abstract String getDecoration();

    public abstract int getDecorationKcal();
}
```

(3) 下面添加具体的装饰者：

```
public class Toasted extends BreadDecorator {
    private Bread bread;

    public Toasted(Bread bread) {

        this.bread = bread;
    }

    @Override
    public String getDecoration() {

        return "Toasted";
    }

    @Override
    public int getDecorationKcal() {

        return 0;
    }

    //需要但未使用
    @Override
    public String description() { return null; }

    @Override
    public int kcal() { return 0; }
}
```

　　使用装饰者不仅将所需子类的数量保持在最低限度，而且还提供了一个可能更有用的功能，因为它允许我们添加选项，比如烘烤、开放式（严格地说，这些不是原料）。这使我们的类更有意义。

应该明白的是，我们可以随意添加想要的装饰。当然，为了看到装饰的运行，我们需要对源代码做一些修改。

7.6.2　将模式连接到 UI

通过以下简单步骤，编辑主 XML 文件和 Java 活动。

(1) 在单选按钮组下面添加以下开关：

```
<Switch
    android:id="@+id/switch_toasted"
    android:layout_width="wrap_content"
    android:layout_height="wrap_content"
    android:checked="false"
    android:paddingBottom="@dimen/padding"
    android:paddingTop="@dimen/padding"
    android:text="@string/toasted" />
```

(2) 打开 MainActivity 类，并为其提供以下两个字段：

```
public Switch toasted;
public Bread bread;
```

(3) 实例化小部件：

```
toasted = (Switch) findViewById(R.id.switch_toasted);
```

(4) 将以下方法变量添加到 onActionOkClicked() 方法中：

```
String toast;
int extraKcal = 0;
```

(5) 下面在单选按钮下添加代码：

```
//开关：烘烤
if (toasted.isChecked()) {
    Toasted t = new Toasted(bread);
    toast = t.getDecoration();
    extraKcal += t.getDecorationKcal();
} else {
    toast = "";
}
```

(6) 最后，修改输出文本的代码：

```
order.setText(new StringBuilder()
        .append(toast + " ")
        .append(sandwich.getSandwich())
        .append("\n")
        .append(sandwich.getKcal() + extraKcal)
        .append(" kcal")
        .append("\n")
        .toString());
```

这就是将装饰者添加到现有模式并将其作为 UI 的一部分所需的全部内容（效果见图 7-8）。

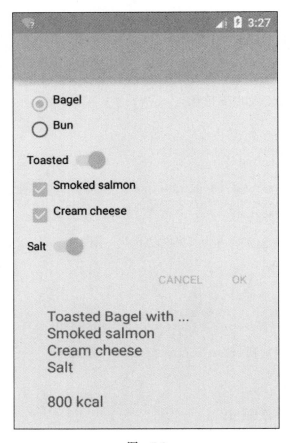

图   7-8

请注意，虽然这里的馅料类会重构成不同的类，但代码是相同的。从变量到类和包，所有内容都可以使用 Shift+F6 进行重构。该操作也会重命名它们的所有出现之处和调用的地方，甚至会重命名 getter 和 setter。要重命名整个项目，请重命名 Android Studio 项目文件夹目录，然后从文件菜单中将其打开。

UML 类图表达的新结构如图 7-9 所示。

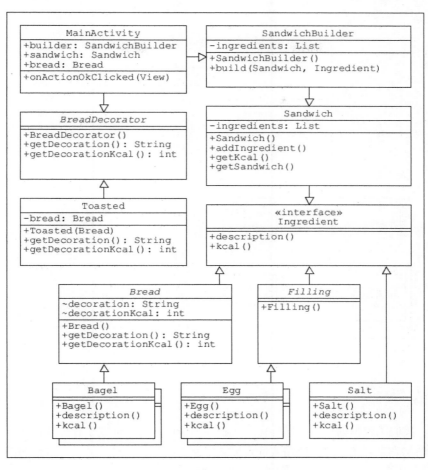

图 7-9

以上涵盖了使用简单设计模式连接模型和视图的基本过程。然而,我们的工作使我们的主活动看起来相当混乱和复杂,这是我们想要避免的。此处不需要避免混乱和复杂,因为这仍是一个非常简单的程序。但是,有时候客户端代码会因为监听器和其他回调变得非常混乱,而知道如何以最佳方式使用模式解决问题非常有用。

对于这类事物,外观模式是最有用的模式,而且它易于快速实现。我们以前遇到过这种模式,这里将它的实现留给读者作为一个练习。类结构如图 7-10 所示。

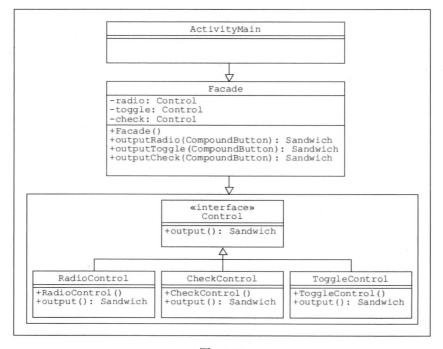

图   7-10

7.7   小结

在本章，我们了解了如何组合设计模式来执行复杂的任务；创建了建造者模式，使用户可以通过选择原料构建三明治，以及使用装饰者模式定制三明治；探索了另一个重要的模式——原型模式。当我们处理大文件或者慢速进程时，原型模式非常重要。

除了深入探讨模式设计的概念外，本章还涵盖了更实用的方面——设置、读取、响应复合按钮（如开关和复选框），这为开发更复杂的系统迈出了重要的一步。

下一章将深入研究如何通过各种 Android 通知工具（如 SnackBar）与用户通信，以及服务和广播在 Android 开发中发挥的作用。

第 8 章

组合模式

我们已了解了如何使用模式来操作、组织和显示数据，但这些数据是暂时的，我们还没有考虑如何确保数据从当前会话持续保留到下一会话。本章将介绍如何使用内部数据存储机制完成此操作。具体说来，我们将探索如何保存用户偏好，使应用程序的使用更简单、更有趣。但首先我们将学习组合模式及其用途，尤其是在构建层次结构（例如 Android UI）时的用途。

在本章，你将学到以下内容：

❑ 构建组合模式；
❑ 使用组合器创建布局；
❑ 使用静态文件；
❑ 编辑应用程序文件；
❑ 存储用户偏好；
❑ 理解活动生命周期；
❑ 添加唯一标识符。

在 Android 项目中，一个可以直接应用设计模式的地方就是布局的填充。在第 6 章，我们使用建造者模式填充了一个简单的布局，但这个示例有一些严重的缺点：它只处理了文本视图，而不适合嵌套布局。要使动态填充布局对我们来说真正有用，我们需要能在布局层次结构的任意级别上添加任意类型的小部件或视图。这就是组合设计模式派上用场之处。

8.1 组合模式

乍一看，组合模式似乎与建造者模式非常相似，因为两者都是用较小的对象构建复杂的对象。但是，两种模式的显著差异在于工作方式。建造者以一种非常线性的方式工作，一次添加一个对象。而组合模式可以添加对象组，也可以添加单个对象。更重要的是，这种方式使客户端可以添加单个对象或对象组，而不必关注其所处理的是哪种。换句话说，可以使用完全相同的代码，添加完整的布局、单个视图或一组视图。

除了可以组合分支数据结构，还能够向客户端隐藏操作对象的细节，这就是组合模式强大的原因。

在创建布局组合器之前，我们先看看模式本身。我们将模式应用于一个非常简单的模型，这样可以更好地理解模式的工作方式。以下是模式的整体结构。如你所见，它在概念上非常简单。

请遵循以下步骤，构建组合模式。

(1) 先从一个接口开始，它既可以代表单个组件，也可以代表一组组件：

```java
public interface Component {

    void add(Component component);
    String getName();
    void inflate();
}
```

(2) 添加以下作用于单个组件的类，扩展接口：

```java
public class Leaf implements Component {
    private static final String DEBUG_TAG = "tag";
    private String name;

    public Leaf(String name) {
        this.name = name;
    }

    @Override
    public void add(Component component) { }

    @Override
    public String getName() {
        return name;
    }

    @Override
    public void inflate() {
        Log.d(DEBUG_TAG, getName());
    }
}
```

(3) 然后添加作用于集合的类：

```java
public class Composite implements Component {
    private static final String DEBUG_TAG = "tag";

    //存储组件
    List<Component> components = new ArrayList<>();
    private String name;

    public Composite(String name) {
        this.name = name;
    }
```

```
    @Override
    public void add(Component component) {
        components.add(component);
    }

    @Override
    public String getName() {
        return name;
    }

    @Override
    public void inflate() {
        Log.d(DEBUG_TAG, getName());

        //填充包含子节点的组件
        for (Component component : components) {
            component.inflate();
        }
    }
}
```

如图 8-1 所示，这种模式非常简单，也很实用。

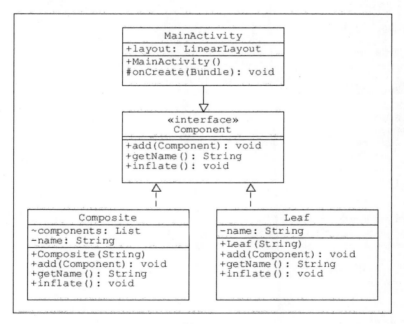

图　8-1

要看到它的实际作用，需要定义一些组件和组合。定义组件的代码如下所示：

```
Component newLeaf = new Leaf("New leaf");
```

可以通过 `add()` 方法创建组合集合：

```
Component composite1 = new Composite("New composite");
composite1.add(newLeaf);
composite1.add(oldLeaf);
```

将组成部分相互嵌套非常简单，因为我们已编写了代码，所以不用管创建的是 Leaf 还是
Composite，两者可以使用相同的代码创建。示例如下：

```
Component composite2 = Composite("Another composite");
composite2.add(someLeaf);
composite2.add(composite1);
composite2.add(anotherComponent);
```

要显示一个组件（在本示例中是文本），只需调用它的 inflate() 方法。

添加一个建造者

定义和打印一组合适的输出会使客户端代码变得非常混乱，这里我们采用的解决方案借鉴了
另一个模式的思路：使用一个建造者类来构建我们想要的组成部分。可以任意构造想要的建造者，
以下是其中一种示例：

```
public class Builder {

    //定义单个组件
    Component image = new Leaf("  image view");
    Component text = new Leaf("  text view");
    Component list = new Leaf("  list view");

    //定义组合
    Component layout1(){
        Component c = new Composite("layout 1");
        c.add(image);
        c.add(text);
        return c;
    }

    //定义嵌套的组合
    Component layout2() {
        Component c = new Composite("layout 2");
        c.add(list);
        c.add(layout1());
        return c;
    }

    Component layout3(){
        Component c = new Composite("layout 3");
        c.add(layout1());
        c.add(layout2());
        return c;
    }
}
```

这使得活动中的 `onCreate()` 保持整洁且易于使用，如下所示：

```
@Override
protected void onCreate(Bundle savedInstanceState) {

    super.onCreate(savedInstanceState);
    setContentView(R.layout.activity_main);

    Builder builder = new Builder();

    //填充一个独立的组件
    builder.list.inflate();

    //填充一个组合组件
    builder.layout1().inflate();

    //填充嵌套的组件
    builder.layout2().inflate();
    builder.layout3().inflate();
}
```

我们虽然只创建了一个基本的输出，但现在应该已清楚如何将它扩展为真实布局的填充，并了解了这项技术有多么实用。

8.2 布局的组合器

在第 6 章，我们使用了一个建造者来构建简单的 UI。对于这一任务来说，建造者是一个完美的选择，因为我们只需要包含一种类型的视图。我们可以通过调整方案（使用一个适配器）来满足其他视图类型的需要，但选择一种模式，无须关注其所处理的组件类型，会是更好的选择。但愿前面示例中演示的组合模式可以适用于此类任务。

在接下来的示例中，我们将应用相同的原理填充真实的 UI。我们会用到不同类型的视图、组合视图组，以及更值得关注的动态嵌套布局。

为了达到练习的目的，我们假设应用程序有一个新闻页面，这个页面主要用于促销。经证实，当广告"装扮"成新闻时，顾客更容易受到影响。许多组件（例如 header、logo）将保持不变，而其他组件的内容和布局结构会经常变动。这是一个应用组合模式的理想主题。

图 8-2 是我们将要开发的 UI。

图   8-2

8.2.1   添加组件

我们将分别处理每个问题，并在这一过程中构建代码。首先按照以下步骤创建并显示单个组件视图。

(1) 和之前一样，我们从 Component 接口开始：

```
public interface Component {

    void add(Component component);
    void setContent(int id);
    void inflate(ViewGroup layout);
}
```

(2) 现在，用下面的类来实现接口：

```
public class TextLeaf implements Component {
    public TextView textView;

    public TextLeaf(TextView textView, int id) {
        this.textView = textView;
```

```
        setContent(id);
    }

    @Override
    public void add(Component component) { }

    @Override
    public void setContent(int id) {
        textView.setText(id);
    }

    @Override
    public void inflate(ViewGroup layout) {
        layout.addView(textView);
    }
}
```

(3) 接下来，添加 Builder。目前它非常简单，只包含两个属性和一个构造方法：

```
public class Builder {
    Context context;
    Component text;

    Builder(Context context) {
        this.context = context;
        init();
        text = new TextLeaf(new TextView(context),
                R.string.headline);
    }
}
```

(4) 最后，编辑活动中的 onCreate() 方法，以我们自己的布局作为根布局，并添加视图：

```
@Override
protected void onCreate(Bundle savedInstanceState) {

    super.onCreate(savedInstanceState);

    //替换默认布局
    LinearLayout layout = new LinearLayout(this);

    layout.setOrientation(LinearLayout.VERTICAL);
    layout.setLayoutParams(new ViewGroup.LayoutParams(
            ViewGroup.LayoutParams.MATCH_PARENT,
            ViewGroup.LayoutParams.WRAP_CONTENT));
    setContentView(layout);

    //添加组件
    Builder builder = new Builder(this);
    builder.headline.inflate(layout);
}
```

从目前的情况来看，目前所做的一切并没有什么令人印象深刻的地方，但通过前面的示例，我们清楚地知道下面要做什么。下一步，我们要创建一个处理图像视图的组件。

在下面的代码片段中，如你所见，ImageLeaf 类几乎与 TextLeaf 完全相同，只是生成的视图类型和使用 setImageResource() 对 id 参数进行操作方面有所不同：

```
public class ImageLeaf implements Component {
    private ImageView imageView;

    public ImageLeaf(ImageView imageView, int id) {
        this.imageView = imageView;
        setContent(id);
    }

    @Override
    public void add(Component component) { }

    @Override
    public void setContent(int id) {
        imageView.setImageResource(id);
    }

    @Override
    public void inflate(ViewGroup layout) {
        layout.addView(imageView);
    }
}
```

可以像添加文本视图一样，轻松地将其添加到建造者中。不过现在我们将为此创建一个小方法，并在构造方法中调用，因为以后可能会想添加许多其他叶子（Leaf）。代码现在应该如下所示：

```
Builder(Context context) {
    this.context = context;
    initLeaves();
}

private void initLeaves() {

    header = new ImageLeaf(new ImageView(context),
            R.drawable.header);

    headline = new TextLeaf(new TextView(context),
            R.string.headline);
}
```

按照预期，对客户端代码而言，此组件与其他组件没有区别，可以使用以下方法进行填充：

```
builder.header.inflate(layout);
```

图像视图和文本视图都可以将它们各自的主要内容（图像和文本）作为资源 ID 整数，因此我们可以对两者使用相同的 int 参数。通过在 setContent() 方法中处理这个问题，我们可以解耦实际的实现，将它们都简单地视为一个 Component 来引用。当我们应用一些格式化的属性时，很快就可以证明 setContent() 方法是很实用的。

　　现在的内容仍非常基础，如果我们像这样创建所有组件，不管它们是如何分组成组合的，建造者的代码很快就会变得冗长。我们刚刚创建的 banner 视图不太可能更改，因此这个系统适合此设置。然而，我们需要找到一种更灵活的方法来处理更多的可变内容，但在此之前，我们要学习如何创建组合版本的类。

8.2.2　创建组合

　　组合模式真正的用处在于它能够将对象组视为一个整体，而我们的两个 header 视图提供了一个很好的演示机会。因为它们总是一起出现，所以将它们视为一个整体非常合理。我们有三种方案可以做到这一点：

　　❏ 适配现有的一个叶子类，让它可以创建子项；
　　❏ 创建一个没有父项的组合；
　　❏ 创建一个组合，将一个布局当作父项。

　　这三种方案我们都将介绍，但首先实现本例中最高效的方案，基于一个叶子类创建一个组合类。我们希望 header 的图像位于文本上方，因此将使用 ImageLeaf 类作为模板。

　　只需完成以下三个简单步骤即可。

　　(1) 除以下部分外，CompositeImage 类与 ImageLeaf 相同：

```
public class CompositeImage implements Component {
    List<Component> components = new ArrayList<>();

    ...

    @Override
    public void add(Component component) {
        components.add(component);
    }

    ...

    @Override
    public void inflate(ViewGroup layout) {
        layout.addView(imageView);

        for (Component component : components) {
            component.inflate(layout);
        }
    }
}
```

　　(2) 在建造者中构建一个组非常简单：

```
Component headerGroup() {
    Component c = new CompositeImage(new ImageView(context),
```

```
                 R.drawable.header);
    c.add(headline);
    return c;
}
```

(3) 下面可以替换活动中的调用：

```
builder.headerGroup().inflate(layout);
```

处理方式可以和其他组件完全一致，制作一个类似的文本版本也非常简单。这样的类可被看作叶子版本的扩展，很实用。但是，创建一个没有容器的组合会更简洁，因为这种方式使得我们可以管理组，稍后可以将其插入布局中。

下述类是一个简化后的组合类，可用于组合任意组件（包括组件组）。

```
class CompositeShell implements Component {
    List<Component> components = new ArrayList<>();

    @Override
    public void add(Component component) {
        components.add(component);
    }

    @Override
    public void setContent(int id) { }

    @Override
    public void inflate(ViewGroup layout) {

        for (Component component : components) {
            component.inflate(layout);
        }
    }
}
```

假设我们希望将三个图像分组，以便稍后添加到布局中。按照代码的方式，我们必须在构造期间添加这些定义。这会导致出现一些笨重的、令人反感的代码。这里，我们将通过简单地向建造者添加方法来解决这一问题，这些方法允许我们根据需要创建组件。

这两种方法如下所示：

```
public TextLeaf setText(int t) {
    TextLeaf leaf = new TextLeaf(new TextView(context), t);
    return leaf;
}


public ImageLeaf setImage(int t) {
    ImageLeaf leaf = new ImageLeaf(new ImageView(context), t);
    return leaf;
}
```

可以使用建造者来构造这些组：

```
Component sandwichArray() {
    Component c = new CompositeShell();

    c.add(setImage(R.drawable.sandwich1));
    c.add(setImage(R.drawable.sandwich2));
    c.add(setImage(R.drawable.sandwich3));
    return c;
}
```

这个组可以像来自客户端的其他组件一样填充，并且因为我们的布局是垂直方向的，所以它们将显示为列。如果我们想把它们排成一行输出，则需要一个水平方向的布局，因此需要一个类来生成。

8.2.3 创建组合布局

以下是一个组合组件的代码，该组件将生成一个线性布局作为根，并将所有添加的视图放在其内部：

```
class CompositeLayer implements Component {
    List<Component> components = new ArrayList<>();
    private LinearLayout linearLayout;

    CompositeLayer(LinearLayout linearLayout, int id) {
        this.linearLayout = linearLayout;
        setContent(id);
    }

    @Override
    public void add(Component component) {
        components.add(component);
    }

    @Override
    public void setContent(int id) {
        linearLayout.setBackgroundResource(id);
        linearLayout.setOrientation(LinearLayout.HORIZONTAL);
    }

    @Override
    public void inflate(ViewGroup layout) {
        layout.addView(linearLayout);

        for (Component component : components) {
            component.inflate(linearLayout);
        }
    }
}
```

8

在建造者中构造的代码与其他的没什么不同:

```
Component sandwichLayout() {
    Component c = new CompositeLayer(new LinearLayout(context),
            R.color.colorAccent);
    c.add(sandwichArray());
    return c;
}
```

现在只需在活动中使用几行清晰易懂的代码就可以扩展组合:

```
Builder builder = new Builder(this);
builder.headerGroup().inflate(layout);
builder.sandwichLayout().inflate(layout);
```

值得注意的是如何使用复合层的 `setContent()` 方法来设置方向。从整体结构来看,`setContent()` 方法显然是执行此操作的正确位置。于是,我们需要开始下一个任务——格式化 UI。

8.2.4　在运行时格式化布局

虽然现在可以生成任意数量的复杂布局,但快速浏览以下输出就可以证明,从外观和设计上来说,要实现理想的设计,我们还有很长的路要走(见图 8-3)。

图　8-3

我们之前了解了如何从 `setContent()` 方法设置插入布局的方向,这就是更好地控制组件外观的方式。再进一步,只需要一两分钟就可以生成一个合意的布局,遵循以下简单步骤即可。

(1) 首先编辑 `TextLeaf` 的 `setContent()` 方法:

```
@Override
public void setContent(int id) {

    textView.setText(id);

    textView.setPadding(dp(24), dp(0), dp(0), dp(16));
    textView.setTextSize(TypedValue.COMPLEX_UNIT_SP, 24);
    textView.setLayoutParams(new ViewGroup.LayoutParams(
            ViewGroup.LayoutParams.MATCH_PARENT,
            ViewGroup.LayoutParams.WRAP_CONTENT));
}
```

(2) 需要用以下方法将 px 转换为 dp:

```
private int dp(int px) {
    float scale = textView.getResources()
            .getDisplayMetrics()
            .density;
    return (int) (px * scale + 0.5f);
}
```

(3) `ImageLeaf` 组件只需要进行以下更改:

```
@Override
public void setContent(int id) {
    imageView.setScaleType(ImageView.ScaleType.FIT_CENTER);

    imageView.setLayoutParams(new ViewGroup.LayoutParams(
            ViewGroup.LayoutParams.WRAP_CONTENT,
            dp(R.dimen.imageHeight)));

    imageView.setImageResource(id);
}
```

(4) 我们还为建造者添加了更多的结构:

```
Component story(){
    Component c = new CompositeText(new TextView(context)
            ,R.string.story);
    c.add(setImage(R.drawable.footer));
    return c;
}
```

(5) 现在可以将以下代码放置到活动中:

```
Builder builder = new Builder(this);

builder.headerGroup().inflate(layout);
```

```
builder.sandwichLayout().inflate(layout);
builder.story().inflate(layout);
```

这些调整现在应该会产生一个与最初规范一致的设计。虽然我们添加了很多代码并创建了具体的 Android 对象，但看图 8-4 就会发现总体模式仍是一样的。

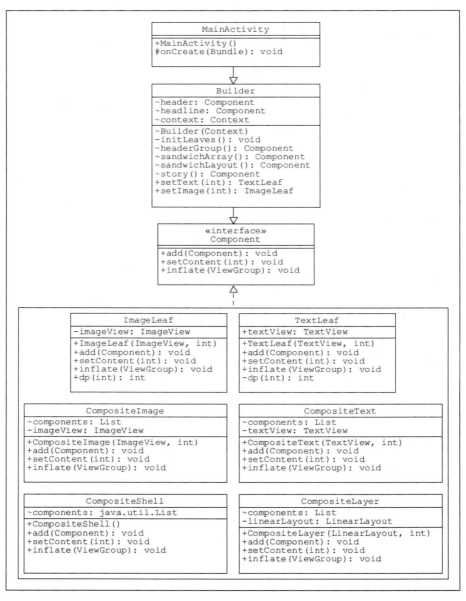

图   8-4

在这里，我们可以做很多事情，例如，开发横向布局，以及为不同的屏幕配置进行缩放。这些都可以使用相同的方法进行管理。无论如何，我们所做的足以演示如何在运行时使用组合模式动态构建布局。

现在，我们暂时不使用此模式。这是因为我们将探索如何提供一些自定义功能、考虑用户偏好以及如何存储持久性数据。

8.3 存储选项

绝大多数应用程序有某种形式的**设置**菜单，允许用户存储定期访问的信息，并根据自己的喜好自定义应用程序。这些设置可以是更改密码，也可以是个性化配色方案，或是任何其他调整。

如果存在大量的数据和对 Web 服务器的访问，通常最佳方案是从源头缓存数据，因为这样既省电，又可以加快应用程序的速度。

首先且最重要的是，我们应该考虑这些设置如何节省用户时间。没有人希望每次订购三明治时都要输入所有的详细信息，也不想一遍又一遍地构造相同的三明治。这就引出了一个问题：如何在整个系统中表示一个三明治，以及如何将订单信息发送给供应商，供应商又是如何接收的？

无论我们采用什么技术来传输订单数据，都可以假设在这个过程中的某个时刻，会有一个人制作真正的三明治。一个简单的文本字符串似乎是我们所需的一切，它显然可以为供应商提供指示并存储用户的偏好。然而，这里有一个宝贵的机会，千万不要错过。所下的每个订单都包含有价值的销售数据，通过整理这些数据，我们可以建立一个图像，显示哪些产品销量好以及哪些产品销量不好。因此，需要在订单消息中包含尽可能多的数据。购买历史记录可以包含许多有用的数据，比如购买日期和时间。

无论我们选择收集什么样的支持性数据，有一件事非常有用，那就是能够识别每个客户，但人们不喜欢提供个人信息，也不应当提供。没有理由仅仅为了买一个三明治，就说出自己的生日或性别。但是，正如我们将看到的，可以为每个下载的应用程序和其运行的设备附加一个唯一标识符。此外，我们或其他任何人都无法从中识别出某个人，因此这不会威胁到他们的安全或隐私，保护安全和隐私是至关重要的。

可以通过多种方式将数据存储在用户的设备上，从而使属性在会话间持久存在。通常，我们希望将此数据保密。下一节将介绍如何实现这一点。

8.3.1 创建静态文件

本章这一部分的重点是存储用户偏好。从设备的内部存储开始，我们应该事先看一两个存储选项。

在本章的前半部分，我们通过 strings.xml 值文件指定一个很长的字符串。此资源文件和类似的资源文件最适合存储单个单词和比较短的短语，但对于存储长句或段落来说，这种方式不具有吸引力。对于这些情况，我们可以使用文本文件，并将它们存储在 res/raw 目录中。

raw 目录的便捷之处在于，它是作为 R 类的一部分编译的，这意味着它的内容可以用像其他资源（例如，字符串或 drawable）一样的方式被引用，例如，`R.raw.some_text`。

要了解如何在不弄乱字符串文件的情况下添加长文本，请遵循以下简单步骤。

(1) 默认情况下不包含 res/raw 文件夹，因此请先创建它。

(2) 在此文件夹中创建包含文本的新文件。在这里，它被称为 wiki，因为它取自 Wikipedia 的三明治条目。

(3) 打开活动或任何用来填充布局的代码，并添加此方法：

```java
public static String readFile(Context context, int resId) {

    InputStream stream = context.getResources()
            .openRawResource(R.raw.wiki);
    InputStreamReader inputReader = new InputStreamReader(stream);
    BufferedReader bufferedReader = new BufferedReader(inputReader);
    String line;
    StringBuilder builder = new StringBuilder();

    try {
        while ((line = bufferedReader.readLine()) != null) {
            builder.append(line)
                    .append('\n');
        }
    } catch (IOException e) {

        return null;
    }

    return builder.toString();
}
```

(4) 下面使用这些简单的代码填充视图：

```java
TextView textView = (TextView) findViewById(R.id.text_view);
String data = readFile(this, R.raw.wiki);
textView.setText(data);
```

像对其他资源目录一样对待 raw 文件夹的好处之一是，我们可以为不同的设备或语言环境创建指定的版本。例如，在这里我们创建了一个名为 raw-es 的文件夹，并在其中放置了名称相同的西班牙语版本的文本（见图 8-5）。

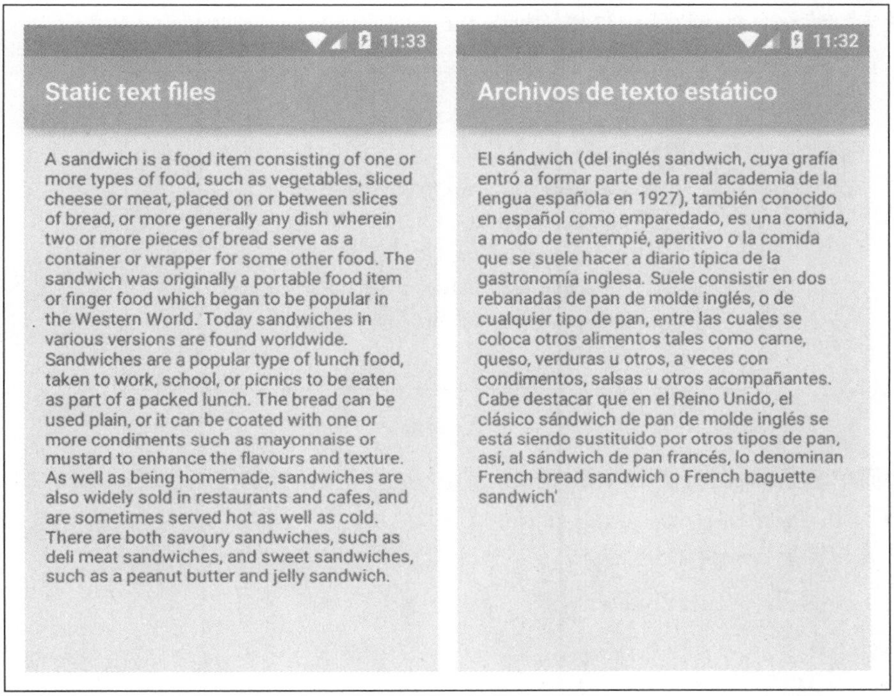

图 8-5

TIP 如果使用外部文本编辑器（例如记事本），则需要确保文件以 UTF-8 格式保存，以使非拉丁字符正确显示。

这种资源非常有用且易于实现，但这些文件是只读的，而有些时候我们想要创建和编辑这种文件。

8.3.2 创建和编辑应用程序文件

当然，除了方便地存储长字符串之外，这里还有很多事情可以做。如果文件的内容能够在运行时更改，会给我们很大的空间。如果还没有一种便捷的方法来存储用户偏好，这种文件方式是一个很好的候选方法。有时候共享偏好结构还不足以满足我们的所有需求，这是使用此类文件的主要原因之一。另一个原因是，作为自定义功能，应该允许用户制作、存储笔记或书签，甚至可以创建能被建造者理解的编码文本文件，用于重建包含用户最喜欢的原料的三明治对象。

我们将要探索的方法是使用一个内部应用程序目录，该目录对设备上的其他应用程序是隐藏的。在下面的练习中，我们将演示用户如何使用我们的应用程序存储持久性和私有的文本文件。启动一个新项目或打开一个想要向其中添加内部存储功能的项目，然后执行以下步骤。

(1) 首先创建一个基于以下组件树（见图 8-6）的简单布局。

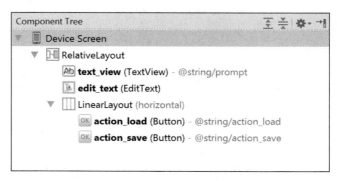

图　8-6

(2) 为简单起见，我们将使用 XML 的 onClick 属性，按钮分别使用代码 android:onClick="loadFile" 和 android:onClick="saveFile"。

(3) 首先，构造 saveFile() 方法：

```
public void saveFile(View view) {

    try {
        OutputStreamWriter writer = new
OutputStreamWriter(openFileOutput(fspc, 0));
        writer.write(editText.getText().toString());
        writer.close();

    } catch (IOException e) {
        e.printStackTrace();
    }
}
```

(4) 然后，构造 loadFile() 方法：

```
public void loadFile(View view) {

    try {
        InputStream stream = openFileInput(fspc);
        if (stream != null) {
            InputStreamReader inputReader = new InputStreamReader(stream);
            BufferedReader bufferedReader = new
BufferedReader(inputReader);
            String line;
            StringBuilder builder = new StringBuilder();

            while ((line = bufferedReader.readLine()) != null) {
                builder.append(line)
                        .append("\n");
            }
```

```
            stream.close();
            editText.setText(builder.toString());
        }

    } catch (IOException e) {
        e.printStackTrace();
    }
}
```

这个示例非常简单，仅需要演示以这种方式存储数据的潜力（见图 8-7）。使用前面的布局，很容易测试代码。

图 8-7

这样存储用户的数据或我们想要的用户数据，非常方便且非常安全。我们也总是可以把这些数据加密，就该主题可以另写一本书。Android 框架与任何其他移动平台的安全性一样，且由于我们不会在三明治馅料中存储比偏好更敏感的内容，因此该系统非常适合我们的目的。

当然，也可以在设备的外部存储器（例如 micro SD 卡）上创建和访问文件。这些文件默认为公开文件，通常是在我们想与其他应用程序共享某些内容时创建的。这个过程与我们刚刚探索的过程类似，因此这里不介绍了。相反，我们将使用内置的 **SharedPreferences** 接口继续存储用户偏好。

8.4   存储用户偏好

我们已介绍了为什么存储用户设置的功能如此重要，并且简单地考虑了要存储哪些设置。共享偏好使用键值对来存储其数据，这对于诸如 `name="desk" value="4"` 之类的值是很好的，但我们需要一些有关某些事情的非常详细的信息。例如，我们希望用户能够存储自己喜欢的三明治以便回购。

第一步是了解 Android 共享偏好接口一般如何使用及其应该用于哪些地方。

8.4.1   活动生命周期

通过 **SharedPreferences** 接口使用键值对存储和检索原始数据类型来存储和检索用户偏好，非常容易应用。只有当我们询问何时何地应该执行这些操作时，这个过程才真正变得有趣。下面进入活动生命周期的学习。

与桌面应用程序不同，移动应用程序通常不会被用户故意关闭。相反，用户通常会导航到很远的地方，使它们在后台处于半活动状态。在运行期间，活动将进入多种状态，例如暂停、停止和恢复。每种状态都有一个关联的回调方法，比如我们非常熟悉的 `onCreate()` 方法。可以使用其中的几种状态来保存和加载用户设置。为了决定使用哪个状态，我们需要先了解生命周期本身（见图 8-8）。

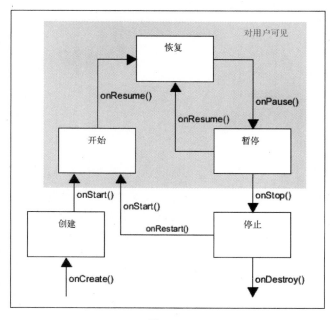

图   8-8

图 8-8 看起来可能有些混乱，最好的方法是编写一些调试代码看看发生了什么。在活动生命周期中，包括 onCreate() 在内有七个回调方法可被调用：

- ❏ onCreate()
- ❏ onStart()
- ❏ onResume()
- ❏ onPause()
- ❏ onStop()
- ❏ onDestroy()
- ❏ onRestart()

首先，在 onDestroy() 方法中保存用户设置似乎很有意义，因为它是最后一个可能的状态。为了了解为什么这种写法通常不起作用，请打开任意项目并重写前面列表中的每个方法，然后添加一些调试代码，如下面的示例所示：

```
@Override
public void onResume() {
    super.onResume();
    Log.d(DEBUG_TAG, "Resuming...");
}
```

几分钟的实验就足以证明 onDestroy() 并不总是被调用。为了确保保存数据，我们需要在 onPause() 或 onStop() 方法中存储偏好。

8.4.2 应用偏好

为了查看偏好的存储和检索方式，请启动一个新项目或打开一个现有项目，然后执行以下步骤。

(1) 首先，新建一个 User 类：

```
//用于一个用户的单独的类
public class User {
    private static String building;
    private static String floor;
    private static String desk;
    private static String phone;
    private static String email;
    private static User user = new User();

    public static User getInstance() {
        return user;
    }
```

```
    public String getBuilding() {
        return building;
    }

    public void setBuilding(String building) {
        User.building = building;
    }

    public String getFloor() {
        return floor;
    }

    public void setFloor(String floor) {
        User.floor = floor;
    }

    public String getDesk() {
        return desk;
    }

    public void setDesk(String desk) {
        User.desk = desk;
    }

    public String getPhone() {
        return phone;
    }

    public void setPhone(String phone) {
        User.phone = phone;
    }

    public String getEmail() {
        return email;
    }

    public void setEmail(String email) {
        User.email = email;
    }
}
```

(2) 接下来，基于图 8-9 创建 XML 布局以匹配此数据。

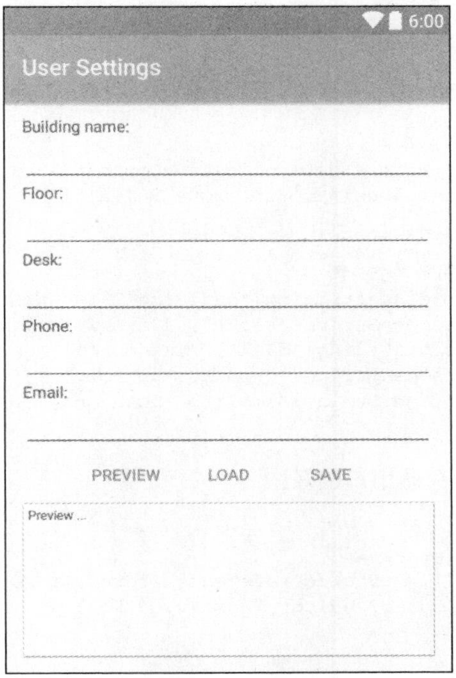

图 8-9

(3) 修改活动，使其实现以下监听器。

```
public class MainActivity
    extends AppCompatActivity
    implements View.OnClickListener
```

(4) 添加以下字段，并以常规的方式将其与对应的 XML 关联起来。

```
private User user = User.getInstance();

private EditText editBuilding;
private EditText editFloor;
private EditText editDesk;
private EditText editPhone;
private EditText editEmail;

private TextView textPreview;
```

(5) 在 onCreate() 方法中添加按钮并设置其点击事件监听器：

```
Button actionLoad = (Button) findViewById(R.id.action_load);
Button actionSave = (Button) findViewById(R.id.action_save);
Button actionPreview = (Button) findViewById(R.id.action_preview);

actionLoad.setOnClickListener(this);
```

```
actionSave.setOnClickListener(this);
actionPreview.setOnClickListener(this);
```

(6) 创建以下方法，然后在 onCreate() 中调用它：

```
public void loadPrefs() {
    SharedPreferences prefs = getApplicationContext()
        .getSharedPreferences("prefs", MODE_PRIVATE);

    //检索设置
    //如果从未保存，则使用第二个参数
    user.setBuilding(prefs.getString("building", "unknown"));
    user.setFloor(prefs.getString("floor", "unknown"));
    user.setDesk(prefs.getString("desk", "unknown"));
    user.setPhone(prefs.getString("phone", "unknown"));
    user.setEmail(prefs.getString("email", "unknown"));
}
```

(7) 创建一个方法，用于存储用户偏好：

```
public void savePrefs() {
    SharedPreferences prefs =
getApplicationContext().getSharedPreferences("prefs", MODE_PRIVATE);
    SharedPreferences.Editor editor = prefs.edit();

    //存储偏好
    editor.putString("building", user.getBuilding());
    editor.putString("floor", user.getFloor());
    editor.putString("desk", user.getDesk());
    editor.putString("phone", user.getPhone());
    editor.putString("email", user.getEmail());

    //使用 apply()而不是 commit()
    //用于在后台执行操作
    editor.apply();
}
```

(8) 添加 onPause() 方法来调用它：

```
@Override
public void onPause() {
    super.onPause();
    savePrefs();
}
```

(9) 最后，添加点击事件监听器：

```
@Override
public void onClick(View view) {

    switch (view.getId()) {

        case R.id.action_load:
            loadPrefs();
```

```
            break;

    case R.id.action_save:
        //从表单中恢复数据
        user.setBuilding(editBuilding.getText().toString());
        user.setFloor(editFloor.getText().toString());
        user.setDesk(editDesk.getText().toString());
        user.setPhone(editPhone.getText().toString());
        user.setEmail(editEmail.getText().toString());
        savePrefs();
        break;

    default:
        //显示为字符串
        textPreview.setText(new StringBuilder()
                .append(user.getBuilding()).append(", ")
                .append(user.getFloor()).append(", ")
                .append(user.getDesk()).append(", ")
                .append(user.getPhone()).append(", ")
                .append(user.getEmail()).toString());
        break;
    }
}
```

此处添加了加载和预览功能，只是为了能够测试代码，但如你所见，此过程可用于存储和检索任意数量的相关数据（见图 8-10）。

图 8-10

如果出于某种原因需要清空偏好文件，可以使用 edit.clear() 方法完成。

借助 Android Device Monitor，可以找到并查看我们的共享偏好。可以通过 Tools | Android（工具|Android）菜单访问 Android Device Monitor。打开 File explorer（文件资源管理器），然后导航到 data/data/com.your_app/shared_prefs/prefs.xml。它看起来应该如下所示：

```
<?xml version='1.0' encoding='utf-8' standalone='yes' ?>
<map>
    <string name="phone">+44 0102 555 6789</string>
    <string name="email">kyle@blt.com</string>        <string
name="floor">5</string>
    <string name="desk">13</string>        <string name="user_id">
        fbc08fca-f375-4786-9e2d-d610c9cd0377</string>
    <boolean name="new_user" value="false" />        <string
name="building">Bagel Building</string> </map>
```

虽然很简单，但共享偏好是几乎所有 Android 移动应用程序中必不可少的要素，且除了这些明显的优点外，在这里我们还可以使用另一个巧妙的技巧。我们可以使用共享偏好文件的内容来确定应用程序是否是首次运行。

8.4.3　添加唯一标识符

在收集销售数据时，最好有某种方法来识别某个客户。不需要名字或任何私人的信息，一个简单的 ID 号就可以为数据集添加全新的维度。

在许多情况下，我们可以使用一个简单的增量系统，为每个新客户提供一个数字 ID，其数值比上一个用户的数值大一。当然，在像我们这样的分布式系统上，这是不可能的，因为安装时不知道安装量。在理想的世界里，我们会说服所有的顾客注册，也许可以提供一个免费的三明治，但是除了贿赂顾客之外，还有另外一种十分聪明的技术方案，可用于在分布式系统上生成真正的唯一标识符。

通用唯一标识符（Universally Unique Identifier，UUID）是一种创建唯一值的方法，该方法是 java.util 中的。有几种版本，其中一些版本是基于命名空间的，而命名空间本身就是唯一标识符。我们在这里使用的版本（版本 4）使用随机数生成器。可能有人会认为这样也许会产生重复，但标识符的这种构造方式意味着，每秒进行一次下载，200 亿年才会出现严重的重复风险。因此对于我们的三明治供应商而言，这个系统可能就足够了。

 在这里我们还可以使用许多其他特性，例如在偏好中添加计数器，并使用它来计算应用程序已被访问了多少次、售出了多少个三明治、总共花费了多少钱。

我们只希望在应用程序首次运行时欢迎新用户并添加 ID，因此会同时添加这两个功能。以下是添加欢迎功能并分配唯一用户 ID 所需的步骤。

(1) 添加这两个字段，并将它们的 setter 和 getter 添加到 User 类中：

```
private static boolean newUser;
private static String userId;

...

public boolean getNewUser() {
    return newUser;
}

public void setNewUser(boolean newUser) {
    User.newUser = newUser;
}

public String getUserId() {
    return userId;
}

public void setUserId(String userId) {
    User.userId = userId;
}
```

(2) 将下面的代码添加到 loadPrefs() 方法中：

```
if (prefs.getBoolean("new_user", true)) {
    //显示欢迎对话框
    //为新用户添加无条件信用
    String uuid = UUID.randomUUID().toString();
    prefs.edit().putString("user_id", uuid);
    prefs.edit().putBoolean("new_user", false).apply();
}
```

我们的应用程序现在可以欢迎并识别它的每个用户。仅在应用程序第一次运行时运行共享偏好代码的好处是，方法会忽略应用程序的更新。

 创建用户 ID 的一个比较简单但不太优雅的解决方案是获取设备的序列号，这可以通过以下代码实现：user.setId(Build.SERIAL.toString())。

8.5 小结

本章介绍了两个独立的话题，涵盖了理论和实践两个方面。组合模式非常有用，我们了解了它可以轻易替代其他模式，比如建造者模式。

如果我们无法处理软件必须执行的更加机械化的过程（例如文件存储），那么模式就没有任何用处。应该清楚的是，数据文件的列表性质（例如我们之前使用的共享偏好）非常适合建造者模式，而更复杂的数据结构可以用组合模式处理。

下一章将探讨当应用程序不在活动状态时如何创建服务并向用户发布通知，同时研究更多的非即时结构；介绍观察者模式，在监听器方法的形式中你肯定遇到过这种模式。

第9章

观察者模式

上一章研究了如何通过允许用户存储常用数据（例如位置和饮食偏好）来简化交互。这只是使应用程序尽可能令人愉悦的一种方法。另一种有价值的方法是为用户提供及时的通知（见图9-1）。

图 9-1

所有的移动设备都提供了接收通知的功能。通常这些通知是通过屏幕顶部狭窄的状态栏发送的，Android 也不例外。对我们（开发者）来说，使此过程变得有趣的是，这些通知很可能需要在应用程序未被使用时发送。在活动中显然没有处理此类事件的回调方法，因此我们必须查看后台组件（例如**服务**）来触发此类事件。

就设计模式而言，**观察者模式**几乎是一种专门用于管理一对多关系的模式。观察者模式非常适合传递和接收通知，而且在软件设计中无处不在，你肯定遇到过**观察者**和**被观察者**的 Java 工具类。

我们将通过仔细研究观察者模式本身来开启本章内容，然后介绍如何设计、构建和定制 Android 通知。

在本章，你将学会以下内容：

❑ 创建一个观察者模式；

❑ 发出通知；

❑ 使用 Java 观察者工具类；

❑ 应用 pending intent；

❑ 配置隐私和优先级设置；

❑ 自定义通知；

❑ 创建服务。

本章主要关注观察者模式，以及如何将其应用于管理通知。最好的开始是观察模式本身、模式的目的和结构。

9.1　观察者模式

你可能没有意识到自己已多次遇到观察者模式，因为每个点击事件监听器（以及任何其他监听器）实际上都是观察者。这同样适用于桌面或图形用户界面（GUI）的图标和特性，这些类型的监听器接口很好地演示了观察者模式的用途。

❑ 观察者模式的行为就像哨兵，一直在监视某个或多个主题中的特定事件或状态变化，然后将此信息报告给感兴趣的各方。

如前所述，Java 有自己的观察者工具类，虽然在某些情况下这些工具类很有用，但 Java 处理继承的方式和模式的简单性使得我们更喜欢编写自己的观察者工具类。我们将了解如何使用这些内置类，但在这里的大多数示例中，我们将构建自己的类。这将使我们更深入地理解模式的工作。

使用通知时必须谨慎，因为没有什么比讨厌的消息更能使用户烦恼的了。但是，如果使用得当，通知可以提供一种宝贵的促销工具。秘诀在于允许用户选择加入和退出各种消息流，以便用户只接收他们感兴趣的通知。

9.1.1　创建模式

考虑到我们的"三明治制作应用程序"，似乎很少有机会发出通知。一种可能的用途是，我们为顾客提供选项，收集他们的三明治并为他们配送，那么顾客可能会很高兴收到三明治做好了的通知。

为了有效地在设备之间进行通信，我们需要一个带有相关应用程序的中央服务器。在这里无法介绍这一点，但这不会影响我们学习该模式如何工作以及如何发送通知。

首先，我们将构建一个简单的观察者模式、一个跟踪和报告订单进度的基本通知管理器。

为了了解如何完成此操作，请遵循以下步骤。

(1) 观察者模式的核心是一个主体接口和一个观察者接口。

(2) 主体接口如下所示：

```
public interface Subject {

    void register(Observer o);
    void unregister(Observer o);
    boolean getReady();
    void setReady(boolean b);
}
```

(3) 观察者接口如下所示：

```
public interface Observer {

    String update();
}
```

(4) 接下来，实现主体，用于三明治订购：

```
public class Sandwich implements Subject {
    public boolean ready;

    //维护一个观察者列表
    private ArrayList<Observer> orders = new ArrayList<Observer>();

    @Override
    //添加一个新的观察者
    public void register(Observer o) {
        orders.add(o);
    }

    @Override
    //当订购完成时移除观察者
    public void unregister(Observer o) {
        orders.remove(o);
    }

    @Override
    //更新所有观察者
    public void notifyObserver() {
        for (Observer order : orders) {
            order.update();
        }
    }

    @Override
    public boolean getReady() {
        return ready;
    }

    public void setReady(boolean ready) {
        this.ready = ready;
    }
}
```

(5) 接下来实现观察者接口：

```
public class Order implements Observer {
    private Subject subject = null;

    public Order(Subject subject) {
        this.subject = subject;
    }

    @Override
    public String update() {

        if (subject.getReady()) {

            //停止接收通知
            subject.unregister(this);

            return "Your order is ready to collect";

        } else {
            return "Your sandwich will be ready very soon";
        }
    }
}
```

这样就完成了模式本身。它的结构非常简单，如图 9-2 所示。

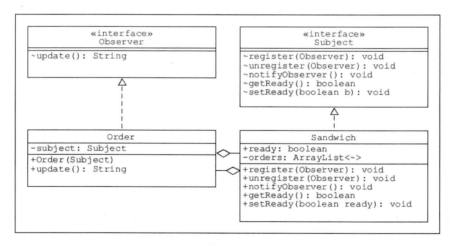

图　9-2

　　主体在这里做了所有的工作。它持有一个包含所有观察者的列表，并为观察者提供了订阅和取消订阅其更新的机制。在前面的示例中，一旦订单完成，我们将在观察者的 update() 期间调用 unregister()，因为监听器不再对此主体感兴趣。

　　Observer 接口看起来太简单了，似乎没有必要，但它使得 Sandwich 及其观察者解耦，这意味着我们可以独立地修改它们中的任何一个。

虽然我们只有一个观察者，但是应该清楚如何在主体中实现方法，允许任意数量的订购并做出相应的响应。

9.1.2 添加通知

`order.update()`方法为我们提供了用于发布通知的合适的文本。为了测试模式并将通知传递到状态栏，请按照以下步骤操作。

(1) 首先，创建具有以下嵌套布局的 XML 布局：

```
<LinearLayout
    ...
    android:layout_alignParentBottom="true"
    android:layout_centerHorizontal="true"
    android:gravity="end"
    android:orientation="horizontal">

    <Button
        android:id="@+id/action_save"
        style="?attr/borderlessButtonStyle"
        android:layout_width="wrap_content"
        android:layout_height="wrap_content"
        android:minWidth="64dp"
        android:onClick="onOrderClicked"
        android:padding="@dimen/action_padding"
        android:text="ORDER"
        android:textColor="@color/colorAccent"
        android:textSize="@dimen/action_textSize" />

    <Button
        android:id="@+id/action_update"
        ...
        android:onClick="onUpdateClicked"
        android:padding="@dimen/action_padding"
        android:text="UPDATE"
        ...
        />

</LinearLayout>
```

(2) 打开 Java 活动并添加以下字段：

```
Sandwich sandwich = new Sandwich();
Observer order = new Order(sandwich);

int notificationId = 1;
```

(3) 添加方法监听订购按钮的点击：

9

```
public void onOrderClicked(View view) {

    //订阅通知
    sandwich.register(order);
    sendNotification(order.update());
}
```

(4) 添加一个方法用于更新按钮:

```
public void onUpdateClicked(View view) {

    //来自服务器的模拟消息
    sandwich.setReady(true);
    sendNotification(order.update());
}
```

(5) 最后添加 sendNotification() 方法:

```
private void sendNotification(String message) {

    NotificationCompat.Builder builder =
            (NotificationCompat.Builder)
            new NotificationCompat.Builder(this)
                    .setSmallIcon(R.drawable.ic_stat_bun)
                    .setContentTitle("Sandwich Factory")
                    .setContentText(message);

    NotificationManager manager = (NotificationManager)
            getSystemService(NOTIFICATION_SERVICE);
    manager.notify(notificationId, builder.build());

    //根据需要更新通知
    notificationId += 1;
}
```

现在可以在设备或模拟器上运行代码,效果见图9-3。

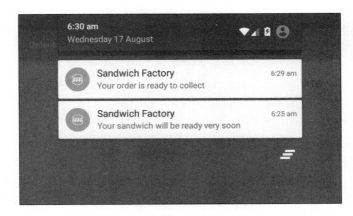

图   9-3

　　上面的代码负责发布通知，演示了发布通知的最简单的方法，而这一过程至少需要图标和两个文本字段。

 　　这只是一个演示，观察者模式实际上只不过是模拟服务器。重要的是不要将其与原生通知 API 调用混淆。

　　通知 ID 的使用值得注意，它主要用于更新通知。发送具有相同 ID 的通知会使得前一条消息更新。上述情况，实际上是我们应该实现的，此处 ID 的递增仅是为了演示如何使用它。若要解决此问题，请注释掉该行，然后重新运行项目，以便只生成一个消息流。

　　为了充分利用这一宝贵的工具，我们还有很多可以做、应该做的事情。例如，让其执行动作，并在应用程序处于未活动状态时发送。后面的章节将继续讨论这些问题，下面来看 Java 如何提供自己的工具类来实现观察者模式。

9.1.3 观察者和被观察者工具类

　　如前所述，Java 提供了自己的观察者工具类，`java.util.observer` 接口和 `java.util.observable` 抽象类。它们具有注册、注销和通知观察者的方法。遵循以下步骤可以看出，使用它们可以轻松实现上一节中的示例：

　　(1) 在这种情况下，主体是通过扩展被观察者类来实现的：

```java
import java.util.Observable;

public class Sandwich extends Observable {
    private boolean ready;

    public Sandwich(boolean ready) {
        this.ready = ready;
    }

    public boolean getReady() {
        return ready;
    }

    public void setReady(boolean ready) {
        this.ready = ready;
        setChanged();
        notifyObservers();
    }
}
```

　　(2) `Order` 类是一个观察者，因此实现该接口：

```java
import java.util.Observable;
import java.util.Observer;
```

```
public class Order implements Observer {
    private String update;

    public String getUpdate() {
        return update;
    }

    @Override
    public void update(Observable observable, Object o) {
        Sandwich subject = (Sandwich) observable;
        if (subject.getReady()) {
            subject.deleteObserver(this);
            update = "Your order is ready to collect";

        } else {
            update = "Your sandwich will be ready very soon";
        }
    }
}
```

(3) XML 布局和 sendNotification() 方法与以前完全一样，对活动源代码的唯一更改如下所示：

```
public class MainActivity extends AppCompatActivity {
    Sandwich sandwich = new Sandwich(false);
    Order order = new Order();
    private int id;

    @Override
    protected void onCreate(Bundle savedInstanceState)
        { ... }

    public void onOrderClicked(View view) {
        sandwich.addObserver(order);
        sandwich.setReady(true);
        sendNotification(order.getUpdate());
    }

    public void onUpdateClicked(View view) {
        sandwich.setReady(true);
        sendNotification(order.getUpdate());
    }

    private void sendNotification(String message)
        { ... }
}
```

如你所见，这段代码执行的任务与前面的示例相同，以下两处值得比较：观察者的 setChanged() 和 notifyObservators() 方法取代了我们在自定义版本中实现的方法。

将来的观察者模式选择采用哪种方法主要取决于特定的情况。一般来说，Java 的被观察者工具的使用适合于简单的情况，如果你不确定，那么最好从这个方法开始，因为很快你就会发现是否需要更灵活的方法。

上面的示例仅介绍了观察者模式和通知。这个模式展示了一个非常简单的情况，为了充分发挥它的潜力，我们需要将其应用于更复杂的情况。下面先来看通知系统还能做什么。

9.2 通知

通知系统的主要作用是向用户发送简单的字符串消息，但使用它还可以做更多的事情。首先也是最重要的是，可以发出执行一个或多个操作的通知，其中一种操作通常是打开相关的应用程序。还可以创建扩展的通知，其中可以包含各种媒体。如果对于单行消息通知来说信息很多，我们又希望为用户省去打开应用程序的麻烦，这种情况下扩展的通知也很有用。

从 API 21 开始，可以发送浮动通知以及向用户锁屏界面发送通知。这个功能借鉴了其他移动平台。虽然它看起来很有用，但应该非常谨慎地使用。显然，通知应该只包含相关的、最重要的信息。根据经验，只有在信息不能等到用户下次登录时显示，才发出通知。**你的三明治配送可能延迟**是一个很棒的有效通知的示例，而**很快就会有新的奶酪上市**不适合通知。

除了烦扰用户，锁屏通知还包含另一个风险。消息显示在锁定设备上，所有意图和目的都是公开的。任何人通过放在桌子上的手机都可以看到内容。现在，虽然大多数人不介意他们的老板看到自己喜欢什么类型的三明治。但毫无疑问，你以后会开发包含更加敏感的信息的应用程序。幸运的是，API 提供了可编程的隐私设置。

无论需要采取何种谨慎措施，通知功能的全部内容都非常值得熟悉，先从让通知实际执行一些操作开始。

9.2.1 设置 intent

与活动或任何其他顶级应用程序组件的开始一样，intent 提供了从通知到操作的路由。在大多数情况下，我们希望使用通知来启动一个活动，这就是我们在这里要做的事情。

移动设备的用户希望能够轻松快捷地在活动和应用程序之间切换。当用户在应用程序之间导航时，系统会跟踪其在后退栈中存储的顺序。通常这足够了，但当通过通知将用户从应用程序中拉离时，按后退按钮将不会使他们返回到以前使用过的应用程序。这很可能会激怒用户，但幸运的是，通过创建人工后退栈可以很容易避免这种情况。

创建自己的后退栈和下面示例所演示的内容难度类似，并不难。这个例子非常简单，它还详细说明了如何包含一些其他的通知特性，例如一个更精致的图标和一个 ticker 文本（首次发送通知时会沿着状态栏滚动）。

为了了解如何实现，请遵循以下步骤。

(1) 打开我们之前编写的项目并新建一个活动类：

```
public class UserProfile extends AppCompatActivity {

    @Override
    protected void onCreate(Bundle savedInstanceState) {
        super.onCreate(savedInstanceState);
        setContentView(R.layout.activity_profile);
    }
}
```

(2) 接下来，需要一个布局文件来匹配前面 onCreate() 方法中设置的内容视图。这可以先是空的，作为根布局保存。

(3) 现在，将以下代码添加到主活动中 sendNotification() 方法的顶部：

```
Intent profileIntent = new Intent(this, UserProfile.class);

TaskStackBuilder stackBuilder = TaskStackBuilder.create(this);
stackBuilder.addParentStack(UserProfile.class);
stackBuilder.addNextIntent(profileIntent);

PendingIntent pendingIntent = stackBuilder.getPendingIntent(0,
        PendingIntent.FLAG_UPDATE_CURRENT);
```

(4) 向通知建造者追加以下设置：

```
.setAutoCancel(true)
.setTicker("the best sandwiches in town")
.setLargeIcon(BitmapFactory.decodeResource(getResources(),
        R.drawable.ic_sandwich))
.setContentIntent(pendingIntent);
```

(5) 最后，在 manifest 文件添加新的活动：

```
<activity android:name="com.example.kyle.ordertracker.UserProfile">

    <intent-filter>
        <action android:name="android.intent.action.DEFAULT" />
    </intent-filter>

</activity>
```

这些变化产生的影响是显而易见的，如图 9-4 所示。

图 9-4

注释掉生成后退栈的代码，并在使用另一个应用程序时打开通知，可以直观地看到导航如何维护。调用 `setAutoCancel()` 意味着通知看完后状态栏中的图标会消失。

通常，我们希望用户从通知中打开应用程序，但从用户的角度来看，用最少的成本达成目的很重要，如果用户无须打开另一个应用程序就能获得相同的信息，这是一件好事。这就是扩展通知的应用场景。

9.2.2　自定义和配置通知

API 16 引入了扩展通知。提供更大、更灵活的内容区域，使其与其他移动平台保持一致。扩展通知有三种样式：文本、图像和列表。以下步骤演示了如何实现每种样式。

(1) 以下项目可以对我们先前编写的项目进行修改，也可以从头开始。

(2) 编辑主布局文件，使其包含具有以下观察者方法的三个按钮：

```
android:onClick="onTextClicked"
android:onClick="onPictureClicked"
android:onClick="onInboxClicked"
```

(3) 对 `sendNotification()` 方法进行以下修改：

```
private void sendNotification(NotificationCompat.Style style) {

    ...

    NotificationCompat.Builder builder = (NotificationCompat.Builder) new
NotificationCompat.Builder(this)

        .setStyle(style)

        ...

    manager.notify(id, builder.build());
}
```

(4) 现在创建三种样式的方法。首先是大文本样式：

```
public void onTextClicked(View view) {
    NotificationCompat.BigTextStyle bigTextStyle = new
NotificationCompat.BigTextStyle();

    bigTextStyle.setBigContentTitle("Congratulations!");
    bigTextStyle.setSummaryText("Your tenth sandwich is on us");
    bigTextStyle.bigText(getString(R.string.long_text));

    id = 1;
    sendNotification(bigTextStyle);
}
```

9

(5) 大图样式需要以下设置：

```
public void onPictureClicked(View view) {
    NotificationCompat.BigPictureStyle bigPictureStyle = new
NotificationCompat.BigPictureStyle();

    bigPictureStyle.setBigContentTitle("Congratulations!");
    bigPictureStyle.setSummaryText("Your tenth sandwich is on us");
    bigPictureStyle.bigPicture(BitmapFactory.decodeResource(getResources(),
R.drawable.big_picture));

    id = 2;
    sendNotification(bigPictureStyle);
}
```

(6) 最后添加列表或收件箱样式：

```
public void onInboxClicked(View view) {
    NotificationCompat.InboxStyle inboxStyle = new
NotificationCompat.InboxStyle();

    inboxStyle.setBigContentTitle("This weeks most popular sandwiches");
    inboxStyle.setSummaryText("As voted by you");

    String[] list = {
            "Cheese and pickle",
            ...
    };

    for (String l : list) {
        inboxStyle.addLine(l);
    }

    id = 3;
    sendNotification(inboxStyle);
}
```

下面可以在设备或 AVD 上测试这些通知，如图 9-5 所示。

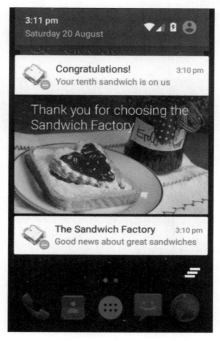

图　9-5

最近的通知总是扩展的，而其他通知可以通过向下滑动来扩展。与大多数 Material 列表一样，可以通过水平滑动通知来取消它们。

这些特性为通知的设计提供了很大的灵活性。如果我们想做更多的事情，甚至可以自定义通知，可以简单地通过将 XML 布局传递给建造者来完成。为此，我们需要 RemoteView 类，它是布局填充的一种形式。创建一个布局，使用以下代码对其进行实例化：

```
RemoteViews expandedView = new RemoteViews(this.getPackageName(),
R.layout.notification);
```

然后将此传给建造者：

```
builder.setContent(expandedView);
```

在实现 Android 通知方面，我们需要介绍的是如何发布浮动通知和锁屏通知。设置优先级、用户权限和其他设置比编码更重要。

9.2.3　可见性和优先级

通知出现的位置和方式通常取决于两个相关属性：隐私和重要性。它们使用元数据常量，包含 alarm 和 promo 等类别，系统可以使用这些类别对多个通知进行排序和筛选。

在向用户的锁屏发送通知时，不仅取决于我们设置元数据的方式，而且还依赖用户的安全设置。要查看这些通知，用户必须选择 PIN 或手势之类的安全锁，然后从 Security | Notifications（安全|通知）设置中选择图 9-6 中所示的选项。

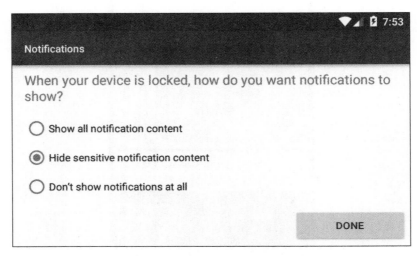

图　9-6

如果用户有这些设置，我们的通知就会发送到用户的锁屏。为了保护用户的隐私，我们可以使用建造者设置通知可见性。可见性有以下 3 种值。

❑ VISIBILITY_PUBLIC——显示整个通知。

❑ VISIBILITY_PRIVATE——显示标题和图标，但隐藏内容。

❑ VISIBILTY_SECRET——什么都不显示。

要实现这些设置，请使用如下代码：

```
builder.setVisibility(NotificationCompat.VISIBILITY_PUBLIC)
```

浮动展示提醒用户其重要性，在通知变回状态栏的图标之前，会在屏幕顶部显示一个基本的（折叠）通知 5 秒。它们只能用于需要用户立即关注的信息。这是使用优先级元数据控制的。

默认情况下，每个通知的优先级都是 PRIORITY_DEFAULT。5 种优先级值如下所示：

❑ PRIORITY_MIN = −2

❑ PRIORITY_LOW = −1

❑ PRIORITY_DEFAULT = 0

❑ PRIORITY_HIGH = 1

❑ PRIORITY_MAX = 2

这些也可以通过建造者设置，如下所示：

```
builder.setPriority(NotificationCompat.PRIORITY_MAX)
```

任何比 DEFAULT 大的值都会触发浮动通知，同时还可以触发声音或振动。这可以通过建造者添加，形式如下所示：

```
builder.setVibrate(new long[]{500, 500, 500})
```

振动器类使用一个 long 类型的数组，并将其用作毫秒级的振动，因此前面的示例将振动 3 次，每次振动半秒。

在应用程序中的任何位置令设备振动，都需要在安装时获取用户许可。权限作为根元素的直接子元素添加到 manifest 文件，如下所示：

```
<manifest xmlns:android="http://schemas.android.com/apk/res/android"
    package="com.example.yourapp">

    <uses-permission
        android:name="android.permission.VIBRATE" />

    <application

        ...

    </application>

</manifest>
```

这些就是关于显示和配置通知我们所需知道的一小部分内容。不过，到目前为止，我们一直在应用程序内部发出通知，而不是像在外部那样远程发出通知。

9.3 服务

服务和活动一样，是顶级应用程序组件。它们的作用是管理长期运行的后台任务，例如播放音频、触发提醒或其他计划的事件。服务不需要 UI，但在其他方面，它们类似于活动，且具有类似的生命周期和关联的回调方法，我们可以使用这些回调方法来拦截关键事件。

虽然所有服务的开始都是相同的，但它们基本分为两类：绑定和未绑定。绑定到活动的服务将持续运行，直到另有指示或绑定活动停止。而未绑定的服务不管调用的活动是否处于活动状态，都将持续运行。这两种情况下，服务通常会在完成分配的任务后自行关闭。

下面的示例将演示如何创建设置提醒的服务。该服务将在设置延迟后发送通知，或被用户操作取消。要查看如何完成此操作，请执行以下步骤。

(1) 从创建一个布局开始，需要两个按钮，见图 9-7。

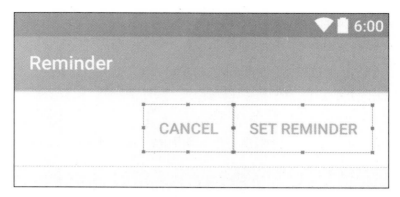

图 9-7

(2) 两个按钮都包含 onClick 属性：

```
android:onClick="onReminderClicked"
android:onClick="onCancelClicked"
```

(3) 新建一个 Service 继承类：

```
public class Reminder extends Service
```

(4) 坚持保留 onBind() 方法，而我们不需要它，因此可以这样保留：

```
@Override
public IBinder onBind(Intent intent) {
    return null;
}
```

(5) 我们也不会使用 onCreate() 或 onDestroy() 方法，但查看后台活动的行为总是有用的，因此请完成以下方法：

```
@Override
public void onCreate() {
    Log.d(DEBUG_TAG, "Service created");
}

@Override
public void onDestroy() {
    Log.d(DEBUG_TAG, "Service destroyed");
}
```

(6) 该类需要以下字段：

```
private static final String DEBUG_TAG = "tag";
NotificationCompat.Builder builder;
@Override
public int onStartCommand(Intent intent, int flags, int startId) {
    Log.d(DEBUG_TAG, "Service StartCommand");
```

```
//生成通知
builder = new NotificationCompat.Builder(this)
        .setSmallIcon(R.drawable.ic_bun)
        .setContentTitle("Reminder")
        .setContentText("Your sandwich is ready to collect");

//在不同的线程中发出定时通知
new Thread(new Runnable() {

    @Override
    public void run() {
        Timer timer = new Timer();
        timer.schedule(new TimerTask() {

            @Override
            public void run() {
                NotificationManager manager = (NotificationManager)
                        getSystemService(NOTIFICATION_SERVICE);
                manager.notify(0, builder.build());
                cancel();
            }

        //设定 10 分钟延迟
        }, 1000 * 60 * 10);
        //首次使用后销毁服务
        stopSelf();
    }

}).start();

return Service.START_STICKY;
}
```

(7) 将服务与活动一起添加到 manifest 文件中：

```
<service
    android:name=".Reminder" />
```

(8) 最后，打开 Java 主活动并完成以下两个按钮监听器：

```
public void onReminderClicked(View view) {
    Intent intent = new Intent(MainActivity.this, Reminder.class);
    startService(intent);
}

public void onCancelClicked(View view) {
    Intent intent = new Intent(MainActivity.this, Reminder.class);
    stopService(intent);
}
```

前面的代码演示了如何在后台使用服务运行代码，这是许多应用程序的基本功能。我们唯一真正需要考虑的是确保所有服务在不再被需要时都能得到正确的处理，因为服务特别容易发生内存泄漏。

9.4　小结

在本章，我们已了解了如何将观察者模式用作管理用户发送通知以及跟踪许多其他事件并做出相应响应的工具。我们首先了解了模式本身，然后学习了 Android 通知 API。它虽然使用了系统控制的状态栏和通知抽屉，但在设计适合应用程序用途和外观的通知时，给了我们很大的自由。

在下一章，我们将采用这种模式和其他模式，学习如何扩展现有的 Android 组件，并使它们直接应用于我们的设计模式；然后了解在开发手机和平板笔记本以外的形状因子时，它们将如何帮助我们。

第 10 章

行为型模式 *10*

到目前为止，在本书中我们已仔细研究了许多重要的创建型设计模式和结构型设计模式。这使我们有了构造各种结构的能力，但要执行我们所需的任务，这些结构需要有通信的能力，包括其自身元素之间的通信和与其他结构的通信。

行为型模式是为了对许多开发中常见的问题进行建模而设计的，例如响应特定对象状态的变化或调整行为以适应硬件的变化。在上一章，我们已学习了一种行为型模式——观察者模式，本章我们将进一步研究一些其他有用的行为型模式。

与创建型模式和结构型模式相比，行为型模式执行多样化任务的适应性要强得多。虽然这种灵活性很棒，但在选择最佳可用模式时也会使问题复杂化，因为任务通常会有两到三个候选者。把这些模式放在一起看是个好主意。理解这些有时略有差异的模式可以帮助我们更有效地应用行为型模式。

在本章，你将学到以下内容：

❑ 创建模板模式；
❑ 向模式添加特殊作用的层；
❑ 应用策略模式；
❑ 创建和使用访问者模式；
❑ 创建状态机。

这些模式的普遍性质意味着它们可以应用于很多不同的情况，一个很好的它们可以执行任务类型的例子是单击或触摸监听器，上一章的观察者模式也是一个很好的例子。在许多行为型模式中可以看到的另一个共同特征是使用抽象类来创建通用算法，我们将在本章后面的**访问者模式**、**策略模式**，尤其是**模板模式**中看到，现在将对其进行探讨。

10.1 模板模式

即使刚接触设计模式，你也能很快熟悉模板模式的工作原理，因为它使用抽象类和方法来形成通用（模板）解决方案。该解决方案可用于以精确的方式创建专门的子类，就像在面向对象编程（OOP）中使用抽象的方式一样。

简单来说，模板模式不过是至少有一个具体实现的抽象类形式的概括。例如，模板可能会定义一个空布局，然后由其实现来控制内容。这种方法的一大优点是，公共元素和共享逻辑只需要在基类中定义，这意味着我们只需要在实现不同的地方编写代码。

以基类的特殊化形式添加另一层抽象，模板模式可以更加强大和灵活。可以将它们用作其父类的子类别，并进行类似地处理。在探索这些多层模式之前，我们将查看一个最简单的基本模板示例，该模板提供了根据其具体实现产生不同输出的属性和逻辑。

一般而言，模板模式适用于可分解为步骤的算法或任何一组过程。模板方法是在基类中定义的，并通过实现使其特定。

最佳的学习方式是通过示例。在这里，我们将想象一个简单的新闻 feed 应用程序，它具有带有**新闻**和**体育**实现的通用**故事**模板。请按照以下步骤创建此模式。

(1) 启动新项目并基于以下组件树（见图 10-1）创建主布局。

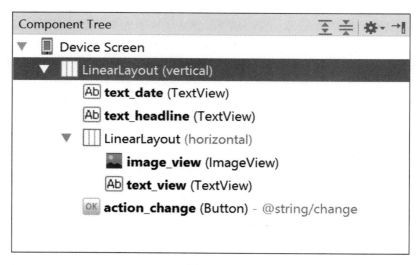

图　10-1

(2) 新建一个名为 Story 的抽象类作为泛化，如下所示：

```
abstract class Story {
    public String source;

    //模板骨架算法
    public void publish(Context context) {
        init(context);
```

```
            setDate(context);
            setTitle(context);
            setImage(context);
            setText(context);
    }

    //占位符方法
    protected abstract void init(Context context);

    protected abstract void setTitle(Context context);

    protected abstract void setImage(Context context);

    protected abstract void setText(Context context);

    //计算日期作为公共属性
    protected void setDate(Context context) {
        Calendar calendar = new GregorianCalendar();
        SimpleDateFormat format =
            new SimpleDateFormat("MMMM d");

        format.setTimeZone(calendar.getTimeZone());

        TextView textDate = (TextView)
            ((Activity) context)
            .findViewById(R.id.text_date);
        textDate.setText(format.format(calendar.getTime()));
    }
}
```

(3) 下面继承此类创建 News 类：

```
        public class News extends Story {
            TextView textHeadline;
            TextView textView;
            ImageView imageView;

            @Override
            protected void init(Context context) {
                source = "NEWS";
                textHeadline = (TextView) ((Activity)
context).findViewById(R.id.text_headline);
                textView = (TextView) ((Activity)
context).findViewById(R.id.text_view);
                imageView = (ImageView) ((Activity)
context).findViewById(R.id.image_view);
            }

            @Override
            protected void setTitle(Context context) {
                ((Activity)
context).setTitle(context.getString(R.string.news_title));
            }
```

```
        @Override
        protected void setImage(Context context) {
            imageView.setImageResource(R.drawable.news);
        }

        @Override
        protected void setText(Context context) {
            textHeadline.setText(R.string.news_headline);
            textView.setText(R.string.news_content);
        }
    }
```

(4) 除以下代码外，`Sport` 的实现相同：

```
    public class Sport extends Story {
        ...

        @Override
        protected void init(Context context) {
            source = "NEWS";
            ...
        }

        @Override
        protected void setTitle(Context context) {
            ((Activity)
context).setTitle(context.getString(R.string.sport_title));
        }

        @Override
        protected void setImage(Context context) {
            imageView.setImageResource(R.drawable.sport);
        }

        @Override
        protected void setText(Context context) {
            textHeadline.setText(R.string.sport_headline);
            textView.setText(R.string.sport_content);
        }
    }
```

(5) 最后，将以下代码添加到主活动：

```
public class MainActivity
    extends AppCompatActivity
    implements View.OnClickListener {

    String source = "NEWS";
    Story story = new News();

    @Override
    protected void onCreate(Bundle savedInstanceState) {
        ...
```

```
        Button button = (Button)
            findViewById(R.id.action_change);
        button.setOnClickListener(this);

        story.publish(this);
    }

    @Override
    public void onClick(View view) {

        if (story.source == "NEWS") {
            story = new Sport();

        } else {
            story = new News();
        }

        story.publish(this);
    }
}
```

在真实或虚拟设备上运行此代码，此代码允许我们在 Story 模板的两种实现之间切换（见图 10-2 ）。

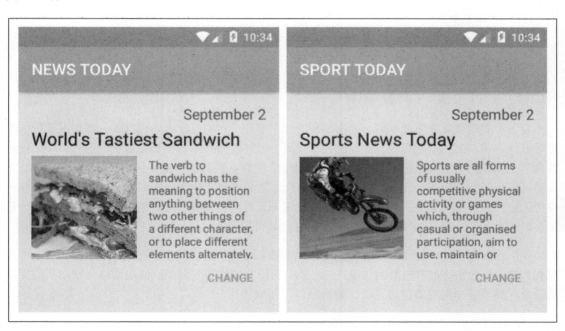

图　10-2

这个模板示例非常好，简单且常见。该模板可以在多种情况下应用，并提供了一种非常方便的组织代码的方法，尤其是在需要定义许多派生类的情况下。类图和代码一样简单（见图 10-3 ）。

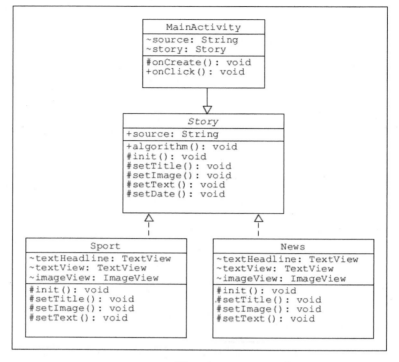

图 10-3

10.1.1 扩展模板

当各个实现彼此非常相似时，前面的模式非常有用。然而，经常出现这样一种情况：我们希望对彼此非常相似的对象建模，以保证共享代码，但对象拥有不同类型或数量的属性。一个很好的例子是阅读图书馆的数据库。我们可以创建一个拥有正确属性的基类 ReadingMaterial，它几乎可以用于任意图书，无论类型、内容、年代。但如果想要包含杂志和期刊，我们可能会发现模型无法代表此类期刊的多种性质。在这种情况下，有两种选择：可以创建一个全新的基类，或是基于基类新建专门的抽象类，该抽象类本身也是可扩展的。

我们将使用上面的例子来演示功能更强大的模板模式。这个模型现在有三层——泛化、特殊化和实现。因为在这里最重要的是模式的结构，所以我们将节省时间，使用调试器输出我们实现的对象。要了解如何将其付诸实践，请按照以下步骤操作。

(1) 首先创建一个抽象的基类，如下所示：

```
abstract class ReadingMaterial {

    //泛化
    private static final String DEBUG_TAG = "tag";
```

```
    Document doc;

    //标准的骨架算法
    public void fetchDocument() {
        init();
        title();
        genre();
        id();
        date();
        edition();
    }

    //占位符函数
    protected abstract void id();

    protected abstract void date();

    //公共函数
    private void init() {
        doc = new Document();
    }

    private void title() {
        Log.d(DEBUG_TAG,"Title : "+doc.title);
    }

    private void genre() {
        Log.d(DEBUG_TAG, doc.genre);
    }

    protected void edition() {
        Log.d(DEBUG_TAG, doc.edition);
    }
}
```

(2) 接下来是图书类别的另一个抽象类：

```
abstract class Book extends ReadingMaterial {

    //特殊化
    private static final String DEBUG_TAG = "tag";

    //重写实现基类方法
    @Override
    public void fetchDocument() {
        super.fetchDocument();
        author();
        rating();
    }

    //实现占位符方法
    @Override
    protected void id() {
        Log.d(DEBUG_TAG, "ISBN : " + doc.id);
```

```
    }

    @Override
    protected void date() {
        Log.d(DEBUG_TAG, doc.date);
    }

    private void author() {
        Log.d(DEBUG_TAG, doc.author);
    }

    //包含特殊化占位符方法
    protected abstract void rating();
}
```

(3) Magazine 类应该如下所示：

```
abstract class Magazine extends ReadingMaterial {

    //特殊化
    private static final String DEBUG_TAG = "tag";

    //实现占位符方法
    @Override
    protected void id() {
        Log.d(DEBUG_TAG, "ISSN : " + doc.id);
    }

    @Override
    protected void edition() {
        Log.d(DEBUG_TAG, doc.period);
    }

    //将占位符传递给实现
    protected abstract void date();
}
```

(4) 现在可以创建具体的实现类。首先是图书类：

```
public class SelectedBook extends Book {
    //实现
    private static final String DEBUG_TAG = "tag";

    //实现特殊化占位符
    @Override
    protected void rating() {
        Log.d(DEBUG_TAG, "4 stars");
    }
}
```

(5) 接下来是杂志类：

```
public class SelectedMagazine extends Magazine {
    //实现
```

```
private static final String DEBUG_TAG = "tag";

//创建实例时实现占位符方法
@Override
protected void date() {
    Calendar calendar = new GregorianCalendar();
    SimpleDateFormat format = new SimpleDateFormat("MM-d-yyyy");
    format.setTimeZone(calendar.getTimeZone());
    Log.d(DEBUG_TAG,format.format(calendar.getTime()));
}
}
```

(6) 创建一个 POJO 用作伪数据，如下所示：

```
public class Document {
    String title;
    String genre;
    String id;
    String date;
    String author;
    String edition;
    String period;

    public Document() {
        this.title = "The Art of Sandwiches";
        this.genre = "Non fiction";
        this.id = "1-23456-789-0";
        this.date = "06-19-1993";
        this.author = "J Bloggs";
        this.edition = "2nd edition";
        this.period = "Weekly";
    }
}
```

(7) 现在可以在主活动中使用如下代码测试此模式：

```
//打印图书
ReadingMaterial document = new SelectedBook();
document.fetchDocument();
//打印杂志
ReadingMaterial document = new SelectedMagazine();
document.fetchDocument();
```

任何实现都可以通过更改虚拟文档代码进行测试，并会产生如下输出：

```
D/tag: The Art of Sandwiches
D/tag: Non fiction
D/tag: ISBN : 1-23456-789-0
D/tag: 06-19-1963
D/tag: 2nd edition
D/tag: J Bloggs
D/tag: 4 stars
D/tag: Sandwich Weekly
D/tag: Healthy Living
```

10

```
D/tag: ISSN : 1-23456-789-0
D/tag: 09-3-2016
D/tag: Weekly
```

前面的示例简短明了，但它演示了这个模式实用且通用的所有特性，如以下列表所示。

❑ 基类提供了标准化的骨架定义和代码，如 fetchDocument() 方法所示。
❑ 通用实现的代码在基类中定义，例如 title() 和 genre()。
❑ 为特殊实现的占位符在基类中定义，处理方式如 date() 所示。
❑ 派生类可以重写占位符方法并实现方法，请参见 rating()。
❑ 派生类可以使用 super 调用基类，如 Book 类中的 fetchDocument() 方法所示。

虽然模板模式可能一开始看起来很复杂，但很多元素是共享的。这意味着经过深思熟虑的泛化和特殊化在具体类中的代码非常简单、清晰，当处理多个模板实现时我们会感激这一点。在模式的类图中，可以很清楚地看出抽象类中定义的代码的集中度，而派生类仅包含与之相关的代码（见图 10-4）。

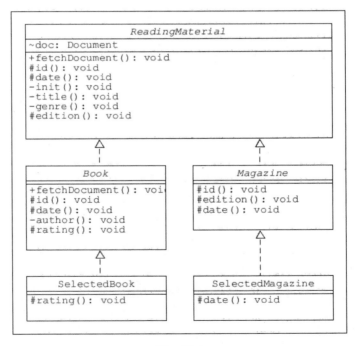

图   10-4

如在本章开头所提到的，在给定的情况下通常有多种行为型模式可以使用，我们之前讨论过的模板模式，以及策略模式、访问者模式和状态模式，都属于这一类，因为这些模式都是从泛化的大纲中派生出的特殊案例。每一种模式都值得详细探讨。

10.1.2　策略模式

策略模式与模板模式非常相似，唯一的区别是创建各个实现的时间点。模板模式在编译期间创建，但策略模式在运行时创建，且可以动态选择。

策略模式发生时会反映变化，其输出取决于上下文，就像天气应用程序的输出取决于位置一样。我们可以在演示中使用此场景，但首先要考虑策略模式的类图（见图 10-5）。

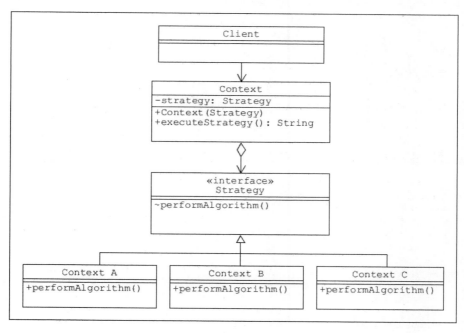

图　10-5

这通过使用天气示例可以很容易地实现。要了解如何实现，请启动新的项目并按照以下步骤操作。

(1) 从策略模式的接口开始，如下所示：

```
public interface Strategy {

    String reportWeather();
}
```

(2) 按照此处的类创建几个具体的实现：

```
public class London implements Strategy {

    @Override
    public String reportWeather() {
```

```
        return "Constant drizzle";
    }
}
```

(3) 接下来，创建上下文类，在这里是位置：

```
public class Location {
    private Strategy strategy;

    public Location(Strategy strategy) {
        this.strategy = strategy;
    }

    public void executeStrategy(Context context) {
        TextView textView=(TextView)
                ((Activity)context)
                .findViewById(R.id.text_view);
        textView.setText(strategy.reportWeather());
    }
}
```

(4) 通过使用字符串值模拟位置，我们可以使用以下客户端代码测试模式：

```
Location context;
String location = "London";

switch (location) {
    case "London":
        context = new Location(new London());
        break;
    case "Glasgow":
        context = new Location(new Glasgow());
        break;
    default:
        context = new Location(new Paris());
        break;
}

context.executeStrategy(this);
```

如本示例所示，策略模式虽然类似于模板，但由于它们分别在不同的场合（运行时和编译时）应用，因此可用于不同的任务。

除了应用我们自己的模板和策略外，大多数平台将它们自己的模板和策略作为系统的一部分来应用。一个很好的例子是，每次旋转设备并应用模板为不同设备设置布局时，都可以看到 Android 框架中工作的策略模式。我们很快将对此进行更深入地研究，但首先需要查看另外两种模式。

10.2　访问者模式

与模板模式和策略模式一样，访问者模式足够灵活，可以执行我们目前考虑到的所有任务，与其他行为型模式一样，诀窍在于应用正确的模式解决相应的问题。**访问者**这个词可能不像**模板**或**策略**那样不言自明。

访问者模式的设计，使客户端可以将一个进程应用于一组不相关的对象，而不必担心对象之间的差异。在现实世界中，一个很好的例子是去超市我们可能会买带有可扫描的条形码的罐头产品，也可能会买需要称重的新鲜食品。在超市，我们不必担心这一差异，因为收银员会替我们处理这一切。在这种情况下，收银员就是访问者，就如何处理单个项目做出所有必要的决定，使我们（客户端）只需考虑最终账单。

这与我们对**访问者**一词的直观理解并不完全相符，但是从设计模式的角度来看，这才是它真正的含义。另一个现实世界的例子是，如果希望穿越城镇，我们可以选择出租车或公共汽车。在这两种情况下，我们只关心最终目的地（也许还要关心费用），而由司机/访问者来协商实际路线的细节。

为了了解如何使用访问者模式实现前面概述的超市场景的建模，请按照以下步骤操作。

(1) 启动一个新的 Android 项目并添加以下接口来定义购物项，如下所示：

```java
public interface Item {

    int accept(Visitor visitor);
}
```

(2) 接下来，创建两个购物项示例，首先是罐装食品：

```java
public class CannedFood implements Item {
    private int cost;
    private String name;

    public CannedFood(int cost, String name) {
        this.cost = cost;
        this.name = name;
    }

    public int getCost() {
        return cost;
    }

    public String getName() {
        return name;
    }

    @Override
    public int accept(Visitor visitor) {
        return visitor.visit(this);
    }
}
```

10

(3) 然后添加新鲜食品：

```
public class FreshFood implements Item {
    private int costPerKilo;
    private int weight;
    private String name;

    public FreshFood(int cost, int weight, String name) {
        this.costPerKilo = cost;
        this.weight = weight;
        this.name = name;
    }

    public int getCostPerKilo() {
        return costPerKilo;
    }

    public int getWeight() {
        return weight;
    }

    public String getName() {
        return name;
    }

    @Override
    public int accept(Visitor visitor) {
        return visitor.visit(this);
    }
}
```

(4) 现在，可以添加访问者接口：

```
public interface Visitor {

    int visit(FreshFood freshFood);
    int visit(CannedFood cannedFood);
}
```

(5) 然后，可以将其实现为以下 Checkout 类：

```
public class Checkout implements Visitor {
    private static final String DEBUG_TAG = "tag";

    @Override
    public int visit(CannedFood cannedFood) {
        int cost = cannedFood.getCost();
        String name = cannedFood.getName();
        Log.d(DEBUG_TAG, "Canned " + name + " : " + cost + "c");
        return cost;
    }

    @Override
```

```
    public int visit(FreshFood freshFood) {
        int cost = freshFood.getCostPerKilo() * freshFood.getWeight();
        String name = freshFood.getName();
        Log.d(DEBUG_TAG, "Fresh " + name + " : " + cost + "c");
        return cost;
    }
}
```

(6) 现在，可以看到该模式如何使我们能够编写干净的客户端代码:

```
public class MainActivity extends AppCompatActivity {
    private static final String DEBUG_TAG = "tag";

    private int totalCost(Item[] items) {
        Visitor visitor = new Checkout();
        int total = 0;
        for (Item item : items) {
            System.out.println();
            total += item.accept(visitor);
        }
        return total;
    }

    @Override
    protected void onCreate(Bundle savedInstanceState) {
        super.onCreate(savedInstanceState);
        setContentView(R.layout.activity_main);

        Item[] items = new Item[]{
                new CannedFood(65, "Tomato soup"),
                new FreshFood(60, 2, "Bananas"),
                new CannedFood(45, "Baked beans"),
                new FreshFood(45, 3, "Apples")};

        int total = totalCost(items);
        Log.d(DEBUG_TAG, "Total cost : " + total + "c");
    }
}
```

应该会产生下面的输出:

```
D/tag: Canned Tomato soup : 65c
D/tag: Fresh Bananas : 120c
D/tag: Canned Baked beans : 45c
D/tag: Fresh Apples : 135c
D/tag: Total cost : 365
```

访问者模式有两个特殊的优势。首先，它使我们不必使用复杂的条件嵌套来区分项目类型。第二个更重要的优势在于，访问者和访问者之间保持分离互不影响，这意味着添加和更改新的项目类型不必对客户端做任何更改。要了解这是如何实现的，只需添加以下代码。

(1) 打开并编辑 Visitor 接口，添加此处额外显示的代码:

10

```
public interface Visitor {

    int visit(FreshFood freshFood);
    int visit(CannedFood cannedFood);

    int visit(SpecialOffer specialOffer);
}
```

(2) 创建 `SpecialOffer` 类：

```
public class SpecialOffer implements Item {
    private int baseCost;
    private int quantity;
    private String name;

    public SpecialOffer(int cost,
                        int quantity,
                        String name) {
        this.baseCost = cost;
        this.quantity = quantity;
        this.name = name;
    }

    public int getBaseCost() {
        return baseCost;
    }

    public int getQuantity() {
        return quantity;
    }

    public String getName() {
        return name;
    }

    @Override
    public int accept(Visitor visitor) {
        return visitor.visit(this);
    }
}
```

(3) 重载 `Checkout` 访问者类中的 `visit()` 方法：

```
@Override
public int visit(SpecialOffer specialOffer) {

    String name = specialOffer.getName();
    int cost = specialOffer.getBaseCost();
    int number = specialOffer.getQuantity();
    cost *= number;

    if (number > 1) {
        cost = cost / 2;
    }
```

```
        Log.d(DEBUG_TAG, "Special offer" + name + " : " + cost + "c");
        return cost;
    }
```

由此证明,可以扩展访问者模式来管理任意数量的项目和任意数量的不同的解决方案。访问者可以一次使用一个,或作为流程链的一部分使用,并且在导入具有不同格式的文件时经常被使用。

本章介绍的所有行为型模式,涉及的范围都很广,可以用来解决各种各样的软件设计问题。但是,有一种模式的范围甚至比这些模式更广,即状态设计模式或状态机。

10.3 状态模式

状态模式无疑是所有行为型模式中最灵活的。该模式演示了如何在代码中实现**有限状态机**。状态机是由数学家艾伦·图灵(Alan Turing)发明的,他用它来实现通用计算机,并证明了任何可数学计算的过程都可以机械地执行。简而言之,状态机可用于执行任何我们所选的任务。

状态设计模式的机制简单而优雅。在有限状态机生命周期的任意时刻,模式都知道它自己的内部状态以及当前的外部状态或输入。基于这两个属性,机器将产生一个输出(可以为无)并更改其自身的内部状态(可以相同)。信不信由你,使用适当配置的有限状态机可以实现非常复杂的算法。

一种传统的演示状态模式的方法,是以在体育馆或游乐场中使用硬币操纵旋转闸门为例。有两种可能的状态——锁定和解锁;有两种形式的输入——硬币或物理推动。

要了解如何建模,请执行以下步骤。

(1)启动一个新的 Android 项目,并按照图 10-6 所示,构建一个布局:

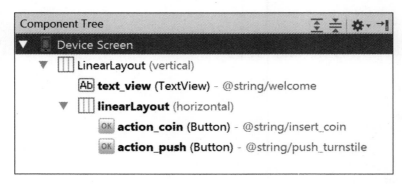

图 10-6

(2) 添加以下接口：

```java
public interface State {

    void execute(Context context, String input);
}
```

(3) 接下来是 Locked 状态：

```java
public class Locked implements State {

    @Override
    public void execute(Context context, String input) {

        if (Objects.equals(input, "coin")) {
            Output.setOutput("Please push");
            context.setState(new Unlocked());

        } else {
            Output.setOutput("Insert coin");
        }
    }
}
```

(4) 接下来是 Unlocked 状态：

```java
public class Unlocked implements State {

    @Override
    public void execute(Context context, String input) {

        if (Objects.equals(input, "coin")) {
            Output.setOutput("You have already paid");

        } else {
            Output.setOutput("Thank you");
            context.setState(new Locked());
        }
    }
}
```

(5) 创建以下单例用于保存输出字符串：

```java
public class Output {
    private static String output;

    public static String getOutput() {
        return output;
    }

    public static void setOutput(String o) {
        output = o;
    }
}
```

(6) 接下来，添加 Context 类：

```java
public class Context {
    private State state;

    public Context() {
        setState(new Locked());
    }

    public void setState(State state) {
        this.state = state;
    }

    public void execute(String input) {
        state.execute(this, input);
    }
}
```

(7) 最后，编辑主活动，代码如下所示：

```java
public class MainActivity extends AppCompatActivity implements
View.OnClickListener {
    TextView textView;
    Button buttonCoin;
    Button buttonPush;

    Context context = new Context();

    @Override
    protected void onCreate(Bundle savedInstanceState) {
        super.onCreate(savedInstanceState);
        setContentView(R.layout.activity_main);

        textView = (TextView) findViewById(R.id.text_view);

        buttonCoin = (Button) findViewById(R.id.action_coin);
        buttonPush = (Button) findViewById(R.id.action_push);
        buttonCoin.setOnClickListener(this);
        buttonPush.setOnClickListener(this);
    }

    @Override
    public void onClick(View view) {

        switch (view.getId()) {

            case R.id.action_coin:
                context.execute("coin");
                break;

            case R.id.action_push:
                context.execute("push");
                break;
        }
```

10

```
        textView.setText(Output.getOutput());
    }
}
```

这个例子可能很简单，但它完美地展示了这种模式的强大之处。很容易看出如何将相同的方案扩展到更复杂的锁定系统模型中。有限状态机经常被用来实现组合锁。如前所述，状态模式可用于建模任何可以数学建模的对象。前面的示例容易测试也易于扩展（见图 10-7）。

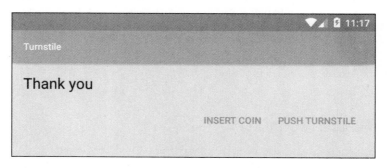

图　10-7

状态模式真正优美的地方不仅在于它有多么令人难以置信的灵活性，而且还在于它的概念有多么简单，通过类图可以很清楚地看出这一点（见图 10-8）。

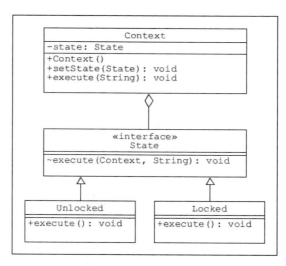

图　10-8

状态模式，就像本章中的所有模式以及其他行为型模式一样，非常灵活，这种适应多种情况的能力取决于其抽象性质。这可能会使行为型模式在概念上更难掌握，但一些尝试和试错是找到适合情况的正确模式的好方法。

10.4　小结

行为型模式在结构上可能看起来非常相似，且在功能上有很多重叠。本章主要是理论性的，以便可以将它们放在一起研究。一旦熟悉了这些结构，我们就会发现在很多情况下经常会用到它们。

在下一章，我们将专注于更多的技术问题，并学习如何为各种可能的形状因子（例如手表和电视屏幕）开发应用程序。从目前所做的工作中，可以看到如何使用访问者等模式来管理这些选择。正如我们已体验到的那样，系统经常使用它自己的内置模式来为我们管理很多此类操作。然而，仍有许多机会可以使用设计模式来简化和合理化代码。

第 11 章

可穿戴模式

11

　　到目前为止，在本书中，我们考虑的所有 Android 应用程序都是为手机和平板计算机等移动设备设计的。如我们所见，这个框架为确保设计在各种屏幕尺寸和形状上都能很好地工作提供了极大的便利。但是，到目前为止，我们所做的工作并未涵盖三种形状因子，即手表、车载控制台和电视（TV）等可穿戴设备（见图 11-1）。

图　11-1

　　当将设计模式应用于这些替代平台时，我们选择哪种模式取决于应用程序的目的，而不是平台本身。由于前面的章节重点关注模式，因此本章将主要介绍为每种设备类型构建应用程序的实践。然而，如我们在研究 TV 应用程序时所见，这些应用程序采用了**模型-视图-表示器**（model-view-presenter，MVP）模式。

由于我们还没有处理过传感器的编码，因此本章将探讨如何通过我们的代码来读取和响应用户的心率。物理传感器（如心率监测器和加速器）的管理方式非常相似，学习其中一种，就可以学会其他传感器该如何处理。

在本章，你将学到以下内容：

❑ 创建 TV 应用程序；
❑ 使用 leanback 库；
❑ 应用 MVP 模式；
❑ 创建 banner 和媒体组件；
❑ 了解浏览器和消费视图；
❑ 连接到可穿戴设备；
❑ 管理可穿戴屏幕形状；
❑ 处理可穿戴通知；
❑ 读传感器数据；
❑ 了解 Auto 安全功能；
❑ 为媒体服务配置 Auto 应用程序；
❑ 为邮件服务配置 Auto 应用程序。

在对如此广泛的外形因素进行开发时，首先要考虑的形状因子不仅是需要准备的图形的大小，而且还要考虑它的观察距离。大多数 Android 设备是在几英寸远的地方使用的，通常被设计成可旋转、移动和触摸的。TV 屏幕是个例外，通常在 10 英尺①以外观看。

11.1 Android TV

TV 通常最适合进行放松活动，例如，可以在 TV 上看电影、看表演以及玩游戏。不管怎样，依然存在很大的重叠区域，特别是在游戏方面，许多应用程序可轻松转换为在 TV 上运行的。可视距离、高清晰度和控制器设备意味着需要进行一些调整，这在很大程度上得益于 leanback 支持库。这个库有助于模型–视图–表示器设计模式，该模式是模式–视图–控制器（model-view controller，MVC）模式的一种演变。

为 TV 而开发的应用程序类型没有限制，但其中很大一部分属于游戏和媒体两类。游戏通常会使用独特的接口和控件，与游戏不同，基于媒体的应用程序通常应该使用平台上常见且一致的小部件和接口。这就是 leanback 库的用处，它提供了各种细节、浏览器、搜索小部件以及叠加层（见图 11-2）。

11

———————————

① 1 英尺约等于 30.48 厘米。——编者注

图   11-2

leanback 库不是唯一用于 TV 开发的支持库，`CardView` 和 `RecyclerView` 都是有用的，实际上 `RecyclerView` 是必需的，因为某些 `leanback` 类依赖于它。

Android Studio 提供了一个非常有用的 TV 模块模板，该模板提供了十几个类，这些类演示了许多基于媒体的 TV 应用程序所需的大部分功能。这个模板非常值得仔细阅读，因为它可以作为一个很好的教程。不必把独立的项目作为最佳的起点，除非它们是通用性的。如果你正在计划首创项目，那么有必要从设备主屏幕开始，了解有关如何设置 TV 项目的一些事情。

11.1.1   TV 主屏幕

主屏幕是 Android TV 用户的入口。从这里他们可以搜索内容、调整设置、访问应用程序和游戏。用户看到的首个来自我们应用程序的视图是以 banner 图片的形式显示在屏幕上的。

每个 TV 应用程序都有一个 banner 图像。这是一个 320 dp×180 dp 的位图，该图应该以简单有效的方式描述应用程序的作用，例如图 11-3。

　　banner 也可以包含彩图，但文本应始终保持粗体，字数尽可能地少。可以在项目 manifest 中声明 banner。要了解如何执行此操作，以及如何设置与 TV 应用程序相关的其他 **manifest** 属性，请按照下列步骤操作。

(1) 启动一个新项目，选择 TV 作为**目标 Android 设备**，Android TV 活动作为活动模板。

(2) 把图像添加到 drawable 文件夹并将其称为 banner 或类似的名称。

(3) 打开 manifests/AndroidManifest.xml 文件。

(4) 删除以下代码：

```
android:banner="@drawable/app_icon_your_company"
```

(5) 编辑开放的<application>节点，添加以下代码：

```
<application
    android:allowBackup="true"
    android:banner="@drawable/banner"
    android:label="@string/app_name"
    android:supportsRtl="true"
    android:theme="@style/Theme.Leanback">
```

(6) 在根<manifest>节点中，添加以下属性：

```
<uses-feature
    android:name="android.hardware.microphone"
    android:required="false" />
```

　　最后的<uses feature>节点不是严格要求的，但它将使我们的应用程序可用于不含麦克风的旧 TV。如果应用程序依赖于语音控制，则删除此属性。

11

我们还需要为主活动声明一个 leanback 启动器，如下所示：

```
<intent-filter>
  <action
      android:name="android.intent.action.MAIN" />
  <category
      android:name="android.intent.category.LEANBACK_LAUNCHER" />
</intent-filter>
```

如果应用程序是为 TV 单独创建的，那么要做的就是使应用程序在 Play 商店的 TV 部分中可以找到。但是，你可能正在开发一个可以在其他设备上玩的游戏应用程序。在这种情况下，还要使其可用于可旋转的设备：

```
<uses-feature
    android:name="android.hardware.screen.portrait"
    android:required="false" />
```

在这些情况下，还应该将 android.software.leanback 设置为 required="false"，恢复 Material 或 appcompat 主题。

你可能想知道为什么将 banner 声明从主活动移动到整个应用程序。这不是必要的，这样做只是将 banner 应用到整个应用程序，而不管它包含多少活动。除非你希望每个活动都有单独的 banner，否则通常这是最好的方法。

11.1.2 TV MVP 模式

leanback 库是为数不多的几个直接促进使用 MVP 设计模式的库之一，MVP 模式是 MVC 的派生。这两种模式都非常简单和显著，有些人可能会说它们根本不符合模式的要求。即使你以前从未遇到过设计模式，你也可能应用过其中一两种**架构**。

前面简单介绍了 MVC 和 MVP。概括一下，在 MVC 模式中，视图和控制器是分开的。例如，当控制器接收到来自用户的输入（如单击按钮）时，它将此消息传递给模型，模型执行其逻辑并将此更新的信息转发给视图，视图随后将此更改显示给用户，依此类推。

MVP 模式结合了视图和控制器的功能，使其成为用户和模型之间的中介。这是我们以前在适配器模式的形式中看到的东西，尤其是 RecyclerView 及其适配器的工作方式。

leanback 表示器类还可以与嵌套视图持有者一起使用，就 MVP 模式而言，视图可以是任何 Android 视图，模型可以是任何我们选择的 Java 对象或对象集合。这意味着可以使用表示器作为任选逻辑和任意布局之间的适配器。

虽然该系统具有自由度，但在着手进行项目开发之前，有必要先看看 TV 应用程序开发中使用的一些约定。

11.1.3 TV 应用程序结构

很多媒体 TV 应用程序提供的功能有限，而通常这些功能就是所需要的。在大多数情况下，用户希望：

❑ 浏览内容；
❑ 搜索内容；
❑ 消费内容。

leanback 库为每一个功能提供了碎片类。BrowserFragment 提供了一个典型的浏览器视图，模板通过一个简单的示例和 SearchFragment 演示了这一点（见图 11-4）。

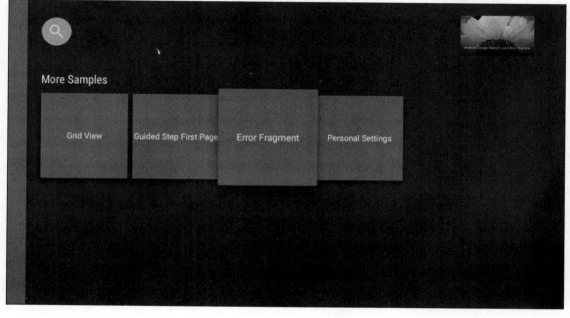

图 11-4

消费视图由 PlaybackOverlayFragment 提供，它可能是最简单的视图，只包含一个 VideoView 和控件。

还有 DetailsFragment，它提供内容的详细信息。该视图的内容和布局取决于主题，且可以任选形式，应用 Material Design 的常规规则。**设计视图**从消费视图的底部向上滚动（见图 11-5）。

图   11-5

leanback 库在将 Material Design 带入 TV 设备方面做得很轻松。如果你决定使用非 leanback 库的视图，此处应用的 Material 规则也同样适用。在继续之前，值得一提的是，背景图像的边缘需要有 5% 的预留，以确保图像可以到达 TV 屏幕的边缘。这意味着 1280 像素×720 像素的图像需要预留为 1408 像素×792 像素。

前面介绍了用于启动应用程序的 banner 图像，但我们还需要一种方法来引导用户访问某个内容，特别是熟悉或相关的内容。

11.1.4 推荐卡片

Android TV 主屏幕最上面一行是**推荐行**。这使得用户可以基于观看历史记录快速访问内容。被推荐的内容是先前观看的内容的续集或在某些方面与用户的观看历史相关。

在设计推荐卡时，只有少数的设计因素需要考虑。这些卡片由图像或大图标、标题、副标题以及应用程序图标构成，如图 11-6 所示。

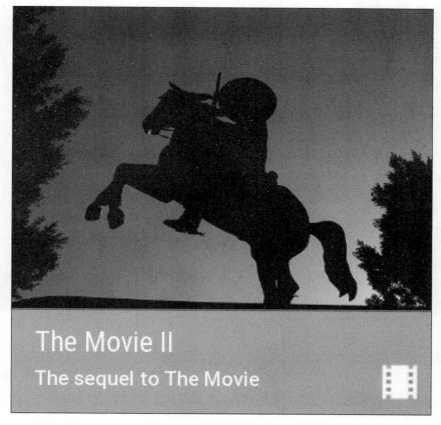

图　　11-6

在卡片图像的宽高比方面有一定程度的灵活性。卡片的宽度不得小于其高度的 2/3，也不能大于其高度的 3/2。图像中不得有透明元素，且高度不得小于 176 dp。

 在许多 TV 上，大片白色可能相当刺眼。如果你需要大面积的白色，请使用#EEE 而不是#FFF。

如果你看 Android 直播 TV 上的推荐行，就会发现每张卡片突出显示时，背景图像都会发生变化。你也应该为每张推荐卡都提供背景图像。这些图像必须不同于卡片上的图像，为了 5%的预留并确保屏幕边缘没有间隙，需要 2016 像素×1134 像素。这些图像也应该没有透明的部分（见图 11-7）。

11

图   11-7

为如此大的屏幕做设计，这一挑战为我们提供了将色彩鲜艳、充满活力的图像与高质量图形相结合的机会。尺寸范围的另一极端是可穿戴设备，在这里空间宝贵，需要另一种完全不同的方式。

11.2 Android Wear

可穿戴的 Android 应用程序值得特别对待还有另一个原因，那就是绝大部分的 Android Wear 应用程序可以作为配套应用程序使用，与运行在用户手机上的主模块协同工作。这种绑定是一个有趣且明确的过程，许多移动应用程序可以通过添加一个可穿戴组件大大增强。使可穿戴设备开发充满乐趣的另一个特性是，可以使用令人兴奋的新型传感器和小配件。特别是事实证明，在许多智能手表上心率检测器在健身应用程序中备受欢迎，这一点不足为奇。

可穿戴设备是智能设备开发中最令人兴奋的领域之一。智能手机和其他佩戴设备带有各种新型传感器，为开发者提供了无数新的可能性。

运行在可穿戴设备上的应用程序需要连接到运行在移动手机上的父应用程序，最好将其视为主应用程序的扩展。虽然大多数开发者至少拥有一部手机，但将可穿戴设备仅用于测试可能是一种昂贵的选择，尤其是因为**方形屏幕和圆形屏幕**的处理方式不同，所以我们至少需要两种。幸运的是，我们可以用模拟器创建 AVD，并将其连接到真实的手机、平板计算机或虚拟机。

11.2.1 配对可穿戴设备

为了最好地了解圆形和方形屏幕管理之间的区别，请先为每种屏幕创建一个模拟器（见图 11-8）。

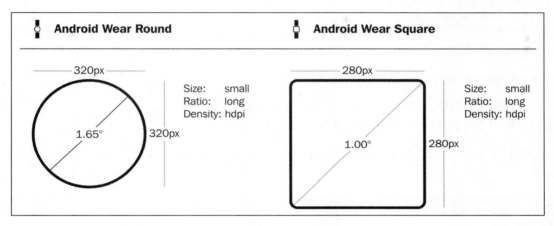

图　11-8

 还有一种 chinned 版本，但出于编程的目的，可以将其视作与圆形屏幕相同。

如何配对可穿戴 AVD 取决于你是将其与真实手机还是与其他模拟器相连。如果你使用的是手机，需要从 Google Play 网站下载 Android Wear 应用程序。

然后，找到 adb.exe 文件，默认情况下文件位于 user\AppData\Local\Android\sdk\platform-tools\。

打开命令窗口并发出以下命令：

```
adb -d forward tcp:5601 tcp:5601
```

现在，可以启动配套应用程序并按照说明配对设备。

 每次连接手机时，你都需要发出此端口转发命令。

如果你将可穿戴模拟器与模拟手机配对，则将需要一个针对 Google API 而不是常规 Android 平台的 AVD。你可以下载 com.google.android.wearable.app-2.apk。在网上有很多地方可以找到，例如 File-Upload.net 网站。

apk 应该放在 sdk/platform-tool 目录中，你可以使用以下命令安装该 apk：

11

```
adb install com.google.android.wearable.app-2.apk
```

现在，启动可穿戴 AVD 并在命令提示符中输入 adb devices，确保两个模拟器都可见，其输出类似于：

```
List of devices attached
emulator-5554    device
emulator-5555    device
```

输入：

```
adb telnet localhost 5554
```

在命令提示符中，5554 是手机模拟器。接下来输入 adb redir addtcp:5601:5601。现在可以使用手持 AVD 上的 Wear 应用程序连接手表。

创建 Wear 项目时，需要包括两个模块，一个用于可穿戴组件，另一个用于手持设备（见图 11-9）。

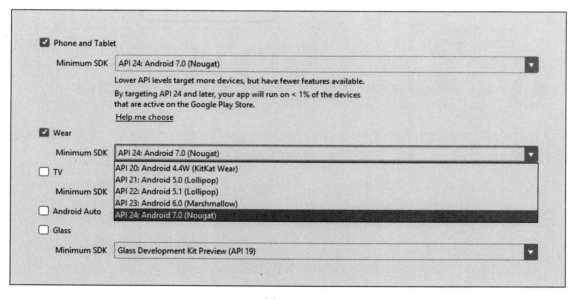

图　11-9

Android 提供了一个**可穿戴 UI 支持库**，为 Wear 开发者和设计师提供了一些非常有用的功能。如果你已使用向导创建了可穿戴项目，那么在安装过程中会包含此支持库。否则，需要在 Module: wearbuild.gradle 文件中包含以下依赖项：

```
compile 'com.google.android.support:wearable:2.0.0-alpha3'
compile 'com.google.android.gms:play-services-wearable:9.6.1'
```

还需要在 Module: mobile build 文件中添加以下代码：

```
wearApp project(':wear')
compile 'com.google.android.gms:play-services:9.6.1'
```

11.2.2　管理屏幕形状

我们事先不知道应用程序将在哪种形状上运行，对于这个难题有两种解决方案。第一种也是最显而易见的方案，就是为每个形状创建一个布局，这通常是最好的解决方案。如果使用向导创建了一个可穿戴项目，我们将看到两个形状的模板活动都已包含在项目中。

当应用程序在真实设备或模拟器上运行时，我们仍需要一种方法来检测运行时的屏幕形状，以便知晓填充的是哪个布局。通过 WatchViewStub 可以实现，调用它的代码必须在主活动文件的 onCreate()方法中，如下所示：

```java
@Override
protected void onCreate(Bundle savedInstanceState) {
    super.onCreate(savedInstanceState);
    setContentView(R.layout.activity_main);

    final WatchViewStub stub = (WatchViewStub)
            findViewById(R.id.watch_view_stub);
    stub.setOnLayoutInflatedListener(
            new WatchViewStub.OnLayoutInflatedListener() {

        @Override
        public void onLayoutInflated(WatchViewStub stub) {
            mTextView = (TextView) stub.findViewById(R.id.text);
        }
    });
}
```

在 XML 中的实现如下所示：

```xml
<android.support.wearable.view.WatchViewStub
    xmlns:android="http://schemas.android.com/apk/res/android"
    xmlns:app="http://schemas.android.com/apk/res-auto"
    xmlns:tools="http://schemas.android.com/tools"
    android:id="@+id/watch_view_stub"
    android:layout_width="match_parent"
    android:layout_height="match_parent"
    app:rectLayout="@layout/rect_activity_main"
    app:roundLayout="@layout/round_activity_main"
    tools:context=".MainActivity"
    tools:deviceIds="wear">
</android.support.wearable.view.WatchViewStub>
```

为每个屏幕形状创建单独布局的替代方法是使用一个自身知道屏幕形状的布局。这是以 **BoxInsetLayout** 的形式出现的，它可以为圆形屏幕调整内边距设置，并将视图放置在圆形内

11

最大的正方形中。

    `BoxInsetLayout` 可以像任何其他布局一样用作主 XML 活动中的根视图组：

```
<android.support.wearable.view.BoxInsetLayout
    xmlns:android="http://schemas.android.com/apk/res/android"
    xmlns:app="http://schemas.android.com/apk/res-auto"
    android:layout_height="match_parent"
    android:layout_width="match_parent">

    ...

</android.support.wearable.view.BoxInsetLayout>
```

    这种方法肯定有缺点，因为它不能总是充分利用圆形表面上的可用空间，但 `BoxInsetLayout` 在易用性方面弥补了灵活性的不足。在大多数情况下，这根本不是一个缺点，因为一款设计精良的 Wear 应用程序仅需要简单的信息即可暂时吸引用户的注意力。用户并不热衷于在手表上浏览复杂的 UI。在手表屏幕上显示的信息应该能够一目了然，且响应动作应该仅限于轻击或轻扫。

    智能设备的主要用途之一是在用户无法使用手机时（例如，在运动时）接收通知。

11.2.3　可穿戴通知

    将可穿戴通知功能添加到移动应用程序很简单。回顾一下第 9 章如何传递通知：

```
private void sendNotification(String message) {

    NotificationCompat.Builder builder =
            (NotificationCompat.Builder)
            new NotificationCompat.Builder(this)
                    .setSmallIcon(R.drawable.ic_stat_bun)
                    .setContentTitle("Sandwich Factory")
                    .setContentText(message);

    NotificationManager manager =
            (NotificationManager)
            getSystemService(NOTIFICATION_SERVICE);
    manager.notify(notificationId, builder.build());

    notificationId += 1;
}
```

    要调整此设置以将通知发送到配对的可穿戴设备，只需将这两行添加到建造者字符串：

```
.extend(new NotificationCompat.WearableExtender()

.setHintShowBackgroundOnly(true))
```

    可选的 `setHintShowBackgroundOnly` 设置，允许我们在没有背景卡的情况下显示通知。

在大多数情况下，可穿戴设备被用作输出设备，但它也可以作为输入，当传感器放在身体附近时，可以派生出来许多新功能。例如，许多智能手机中包含的心率监视器。

11.2.4　读传感器

如今，大多数智能设备上可用的传感器数量越来越多，智能手表为开发者提供了新的机会。幸运的是，这些传感器的编程非常简单，毕竟它们只是另一个输入设备。因此，我们使用监听器来观察它们。

虽然各个传感器的功能和用途差别很大，但它们的读取方式几乎相同，唯一的区别是其输出的性质。在这里，我们将研究许多可穿戴设备上有的心率监测器。

(1) 打开或新建一个 Wear 项目。

(2) 打开 wear 模板，为主活动的 XML 文件添加一个带有 TextView 的 BoxInsetLayout：

```
<android.support.wearable.view.BoxInsetLayout
    xmlns:android="http://schemas.android.com/apk/res/android"
    xmlns:app="http://schemas.android.com/apk/res-auto"
    android:layout_height="match_parent"
    android:layout_width="match_parent">

    <TextView
        android:id="@+id/text_view"
        android:layout_width="match_parent"
        android:layout_height="wrap_content"
        android:layout_gravity="center_vertical" />
</android.support.wearable.view.BoxInsetLayout>
```

(3) 打开 wear 模板的 Manifest 文件，并在 manifest 根节点中添加以下权限：

```
<uses-permission android:name="android.permission.BODY_SENSORS" />
```

(4) 打开 wear 模块下的主 Java 活动文件，添加以下字段：

```
private TextView textView;
private SensorManager sensorManager;
private Sensor sensor;
```

(5) 在活动中实现 SensorEventListener：

```
public class MainActivity extends Activity
        implements SensorEventListener {
```

(6) 实现监听器需要的两个方法。

(7) 编辑 onCreate() 方法：

```
@Override
protected void onCreate(Bundle savedInstanceState) {
    super.onCreate(savedInstanceState);
    setContentView(R.layout.activity_main);
```

```
textView = (TextView) findViewById(R.id.text_view);

sensorManager = ((SensorManager)
        getSystemService(SENSOR_SERVICE));
sensor = sensorManager.getDefaultSensor
        (Sensor.TYPE_HEART_RATE);
}
```

(8) 添加以下 onResume()方法：

```
protected void onResume() {
    super.onResume();

    sensorManager.registerListener(this, this.sensor, 3);
}
```

(9) 添加以下 onPause()方法：

```
@Override
protected void onPause() {
    super.onPause();

    sensorManager.unregisterListener(this);
}
```

(10) 编辑 onSensorChanged()回调（结果见图 11-10）：

```
@Override
public void onSensorChanged(SensorEvent event) {
    textView.setText(event.values[0]) + "bpm";
}
```

图   11-10

　　如你所见，传感器监听器的行为类似于观察者，与点击、触摸的监听器方式完全相同。唯一真正的区别是，传感器需要显式注册和取消注册，因为它们在默认情况下是不可用的，并且在使用完后必须关闭以保护电池。

　　所有的传感器都可以通过传感器事件监听器以相同的方式进行管理，通常最好在初始化应用程序时检查每个传感器是否存在：

```
private SensorManager sensorManagerr = (SensorManager)
getSystemService(Context.SENSOR_SERVICE);
    if (mSensorManager.getDefaultSensor(Sensor.TYPE_ACCELEROMETER) != null){
    ...
    }
    else {
    ...
    }
```

　　可穿戴设备打开了应用程序可能性的全新世界，将 Android 带入我们生活中越来越多的方面。另一个类似的例子是在汽车中使用 Android 设备。

11.3　Android Auto

　　与 Android TV 一样，Android Auto 可以运行许多最初为移动设备设计的应用程序。当然，对于车载软件而言，安全是重中之重，这就是大多数汽车应用程序专注于音频功能（例如信息收发和音乐）的原因。

　　由于强调安全，Android Auto 应用程序在发布前必须经过严格的测试。

　　无疑，在开发车载应用程序时，安全是最重要的原则。因此，Android Auto 应用程序几乎可分为两类：音乐或音频播放器和消息收发。

　　所有的应用程序在开发阶段都需要进行广泛的测试。显然，在真实设备上测试一个 Auto 应用程序是不切实际且非常危险的。因此提供了 Auto API 模拟器，这些可以从 SDK 管理器的工具选项卡中安装（见图 11-11）。

11

图　11-11

11.3.1　Auto 安全注意事项

影响 Auto 安全的很多规则是简单的常识，避免动画、干扰和延迟，但当然有必要将这些规则形式化，Google 已经做了这一切。这些规则涉及驾驶员的注意力、屏幕布局和可读性。最重要的规则可以在下面的列表中找到：

- ❑ Auto 屏幕上不能有动画元素；
- ❑ 只允许音频广告；
- ❑ 应用程序必须支持语音控制；
- ❑ 所有按钮和可点击控件必须在 2 秒钟内响应；
- ❑ 文本必须超过 120 个字符，且必须始终使用默认的 Roboto 字体；
- ❑ 图标必须为白色，以便系统可以控制对比度；
- ❑ 应用程序必须支持日间和夜间模式；
- ❑ 应用程序必须支持语音命令；
- ❑ 应用程序特定的按钮对用户操作的响应延迟不得超过 2 秒钟。

完整的列表参见 Android Developers 网站文档 "Android App Quality for Cars"。

重要提示：这些规则以及其他一些规定在发布前将经过 Google 的测试，因此你自己运行所有测试也是必不可少的。

设计适用于日间和夜间模式且可以通过系统控制对比度在不同光线条件下自动保持可读性的应用程序，是一个非常复杂的主题，Google 为此提供了一个非常有用的指南 "Android Auto：Color Customization&Branding"。

除了安全性和应用程序类型的限制之外，Auto 应用程序与我们探索过的其他应用程序的区别仅在于它们的设置方式和配置方式。

11.3.2   配置 Auto 应用程序

如果使用 studio 向导设置 Auto 应用程序，你将看到，与 Wear 应用程序一样，我们必须同时包含 Mobile 模块和 Auto 模块。与可穿戴项目不同，它不涉及第二个模块，所有内容都由 Mobile 模块管理。添加 Auto 组件，提供了一个可以在 res/xml 中找到的配置文件。例如：

```
<?xml version="1.0" encoding="utf-8"?>
<automotiveApp>
    <uses name="media" />
</automotiveApp>
```

对于消息收发应用程序，我们将使用：

```
<uses name="media" />
```

通过检查模板生成的 manifest 文件，可以找到其他重要的 Auto 元素。无论你选择开发哪种类型的应用程序，都需要添加以下元数据：

```
<meta-data
    android:name="com.google.android.gms.car.application"
    android:resource="@xml/automotive_app_desc" />
```

如你所想，音乐或音频提供者在活动启动器旁需要一个服务，消息收发应用程序需要一个接收器。音乐服务标签如下片段所示：

```
<service
    android:name=".SomeAudioService"
    android:exported="true">
    <intent-filter>
        <action android:name="android.media.browse.MediaBrowserService" />
    </intent-filter>
</service>
```

对于消息收发应用程序，我们需要一个服务和两个接收器，一个用于接收消息，另一个用于发送消息，如下所示：

```
<service android:name=".MessageService">
</service>

<receiver android:name=".MessageRead">
    <intent-filter>
        <action android:name="com.kyle.someapplication.ACTION_MESSAGE_READ"/>
    </intent-filter>
</receiver>

<receiver android:name=".MessageReply">
```

11

```
    <intent-filter>
        <action
android:name="com.kyle.someapplication.ACTION_MESSAGE_REPLY" />
    </intent-filter>
</receiver>
```

车载设备代表了 Android 开发最大的增长领域之一，随着免提驾驶越来越普遍，这一领域将进一步增长。很多时候，我们可能只想将一个 Auto 功能包含在一个主要为其他形状因子设计的应用程序中。

不同于手持和可穿戴设备，我们不必过分关注屏幕大小、形状或密度，也不必担心特定车辆的品牌或型号。无疑在不久的将来，这将随着驾驶和运输性质的改变而改变。

11.4　小结

本章介绍的可供选择的形状因子，为开发者提供了令人兴奋的新平台，为我们提供了可以创建的应用程序类型。这不仅仅是为每个平台开发应用程序的问题，完全有可能在一个应用程序中包含所有的三种设备类型。

以前面的“三明治制作应用程序”为例，我们可以很容易地对其进行调整，以便用户在看电影时可以点一个三明治。同样，我们也可以向他们的智能手机或 Auto 控制台发送订单准备就绪的通知。简而言之，这些设备为新应用程序打开了市场，为现有应用程序增加了功能。

即使你开发出了智能且功能多样的应用程序，也需要借助社交媒体的力量来触达更多用户。一条推文或赞，可以触达无数人，无须花费广告费用。

在下一章，我们将了解在应用程序中添加社交媒体功能是多么容易，以及如何使用 SDK 的 Webkit 和 WebView，将 Web 应用程序功能构建到 Android 应用程序中，甚至构建完全的 Web 应用程序。

第 12 章

社交模式

12

到目前为止，本书已介绍了移动应用程序开发的许多方面。然而，即使是设计得最好、最实用的应用程序，也可以从使用社交媒体和其他 Web 内容中受益良多。

前几章介绍的"三明治制作应用程序"是一个很好的示例，它可以通过生成 Facebook 的赞和推文来提高其发行量，Facebook 和其他社交媒体都提供了将此类功能直接整合到我们的应用程序中的技术。

除了将现有的社交媒体平台整合到应用程序中之外，我们可以将任何我们喜欢的 Web 内容嵌入带有 **WebView** 类的活动中。视图类的扩展可用于向应用程序添加单个网页，甚至可以构建完整的 Web 应用程序。当我们有需要定期更新的产品或数据时，WebView 类非常有用，因为无须重新编码和发布更新即可实现此目的。

我们将从查看 WebView 类开启这一章的内容，了解如何结合 JavaScript 来提供页面功能；然后探索一些社交媒体 SDK，这些 SDK 让我们可以整合许多功能，例如分享、发布和赞。

在本章，你将学会以下内容：

- ❏ 在 WebView 中打开网页；
- ❏ 在浏览器中打开网页；
- ❏ 启用和使用 JavaScript；
- ❏ 使用 JavaScriptInterface 将脚本与原生代码绑定；
- ❏ 为 Web 应用程序编写高效的 HTML；
- ❏ 创建 Facebook 应用程序；
- ❏ 添加 LikeView 按钮；
- ❏ 创建 Facebook 分享接口；
- ❏ 整合 Twitter；
- ❏ 发送推文。

12.1　添加 Web 页面

在活动或碎片中使用 `WebView` 类包含单个 Web 页面，几乎与添加任何其他类型的视图一样简单。有三个简单的步骤，如下所示。

(1) 向 manifest 添加以下权限：

```
<uses-permission
    android:name="android.permission.INTERNET" />
```

(2) `WebView` 如下所示：

```
<WebView xmlns:android="http://schemas.android.com/apk/res/android"
    android:id="@+id/web_view"
    android:layout_width="match_parent"
    android:layout_height="match_parent" />
```

(3) 最后，用 Java 添加页面，如下所示：

```
WebView webView = (WebView) findViewById(R.id.web_view);
webView.loadUrl("https://www.packtpub.com/");
```

这就是全部内容，尽管你可能希望删除或减少大多数页面默认的 16 dp 页边距（见图 12-1）。

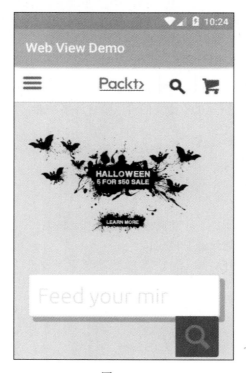

图　12-1

此系统非常适合处理专门为我们的应用程序设计的页面。如果要将用户导航到任何其他 Web 页面，则最好使用链接，以便用户可以使用他们所选的浏览器打开页面。

12.1.1　包含链接

为此，任何可单击的视图都可以充当链接，点击监听器可以这样响应：

```
@Override
public void onClick(View v) {
    Intent intent = new Intent();
    intent.setAction(Intent.ACTION_VIEW);
    intent.addCategory(Intent.CATEGORY_BROWSABLE);
    intent.setData(Uri.parse("https://www.packtpub.com/"));
    startActivity(intent);
}
```

可以看到，正确使用 Web 视图的方法是使用特殊设计的页面作为应用程序的一部分。虽然用户需要知道他们是在线的（可能会收费），但 Web 视图的外观和行为应该与应用程序的其他部分类似。一个屏幕上完全可能存在多个 Web 视图，且它们和其他小部件、视图混合在一起。如果我们正在开发一个存储用户详细信息的应用程序，则通常情况下使用 Web 工具（而不是使用 Android API）来管理更简单。

`WebView` 类带有一组全面的设置，这些设置可用于控制许多属性，例如缩放功能、图像加载以及显示设置。

12.1.2　配置 `WebSettings` 和 JavaScript

虽然我们可以将 Web 视图设计得看起来像应用程序的其他组件，但它们确实拥有大量特定于 Web 的属性，并且可以作为 Web 元素，像在浏览器中的 Web 元素一样导航。`WebSettings` 类可以优雅地管理这些设置以及其他设置。

这个类主要由一系列的 setter 和 getter 组成。整个集合的初始化方式如下所示：

```
WebView webView = (WebView) findViewById(R.id.web_view);
WebSettings webSettings = webView.getSettings();
```

现在可以使用这个对象来查询 Web 视图的状态，并根据我们的意愿配置它们。例如，JavaScript 在默认情况下是禁用的，但很容易修改：

```
webSettings.setJavaScriptEnabled(true);
```

有很多类似的方法，这些方法在 Android Developers 网站的文档 "API reference" 中列出来了。

这些设置并不是我们控制 Web 视图的唯一方法，它本身也有一些非常有用的方法，其中大多数方法已在此列出。

12

❑ getUrl()——返回 Web 视图的当前 URL。

❑ getTitle()——返回页面在 HTML 中指定的标题。

❑ getAllAsync(String)——简单的搜索函数，突出显示给定的字符串。

❑ clearHistory()——清空当前历史缓存。

❑ destroy()——关闭并清空 Web 视图。

❑ canGoForward()和 canGoBack()——启用本地历史栈。

这些方法与 Web 设置一起，使我们能够对 Web 视图做更多的事情，而不仅仅是访问可变的数据。我们只需稍加努力，就可以提供 Web 浏览器的大部分功能。

无论是选择将 Web 视图与应用程序无缝衔接，还是为用户提供更完整的基于 Internet 的体验，我们都很可能希望在页面中包含一些 JavaScript。之前我们已了解了如何启用 JavaScript，但这仅允许我们运行独立的脚本。如果可以从 JavaScript 调用 Android 方法，那就更好了，而这正是 JavaScriptInterface 所做的。

接口如下所示，用来管理两种语言之间的自然不兼容性，当然这也是**适配器设计模式**的经典示例。要了解如何实现，请按照下列步骤操作。

(1) 将以下字段添加到用于任务的活动中：

```
public class WebViewActivity extends Activity {
    WebView webView;
    JavaScriptInterface jsAdapter;
    ...
}
```

(2) 编辑 onCreate()方法，如下所示：

```
@Override
public void onCreate(Bundle savedInstanceState) {
    super.onCreate(savedInstanceState);
    setContentView(R.layout.main);

    webView = (WebView) findViewById(R.id.web_view);

    WebSettings settings = webView.getSettings();
    settings.setJavaScriptEnabled(true);

    jsAdapter = new JavaScriptInterface(this);
    webView.addJavascriptInterface(jsAdapter, "jsAdapter");

    webView.loadUrl("http://someApp.com/somePage.html");
}
```

(3) 创建适配器类（也可以是内部类）。newActivity()方法可以换成任何我们想要的方法。在这里，仅作为示例，它启动了一个新活动：

```
public class JavaScriptInterface {
    Context context;
```

```
JavaScriptInterface(Context c) {
    context = c;
}

//应用程序以 API 16 及更高版本为目标
@JavascriptInterface
public void newActivity() {
    Intent i = new Intent(WebViewActivity.this,
        someActivity.class);
    startActivity(i);
}
}
```

(4) 剩下的就是编写 JavaScript 来调用我们的原生方法。任何可点击的 HTML 对象都可以。在页面上创建以下按钮：

```
<input type="button"
    value="OK"
    onclick="callandroid()" />
```

(5) 现在，在脚本中定义函数，如下所示：

```
<script type="text/javascript">

    function callandroid() {
        isAdapter.newActivity();
    }

</script>
```

这个过程非常容易实现，并且使 Web 视图成为一个非常强大的组件，从 Web 页面调用 Java 方法的能力意味着我们可以将 Web 功能组合到任意应用程序中，而不必牺牲移动功能。

虽然在构建 Web 页面时不需要任何帮助，但关于最佳实践，还是有几点需要说明。

12.1.3　为 WebView 编写 HTML

人们很容易认为，移动 Web 应用程序的设计将遵循与移动 Web 页面设计类似的约定，并且在许多方面也确实如此，但以下列表指出了一些微妙的差异：

❑ 确保使用的 DOCTYPE 正确，在我们的示例中是这样的：

```
<?xml version="1.0" encoding="UTF-8"?>
<!DOCTYPE html PUBLIC "-//W3C//DTD XHTML Basic 1.1//EN"
    "http://www.w3.org/TR/xhtml-basic/xhtml-basic11.dtd">
```

❑ 创建单独的 CSS 和脚本文件可能会导致连接缓慢。保持代码内联，最好是在 head 或 body 的末端。不幸的是，这意味着我们必须避免使用 CSS 和 Web 框架，而诸如 Material Design 之类的特性必须手动编码。

12

❑ 尽可能避免水平滚动。如果你的应用程序必须这样做，请使用选项卡，或者最好使用滑
　动式导航抽屉。

如我们所见，`WebView` 是一个强大的组件，它使得复杂的移动/Web 混合应用程序非常容易
开发。这个主题很大，甚至可以就其写一本书。不过，对于现在来说，仅仅了解这个工具的使用
范围和功能就足够了。

使用内置的 Web 工具只是我们利用互联网的一种方式。连接到社交媒体可能是推广产品最
有效和最便宜的方法。其中最有用和最简单的设置之一是 Facebook。

12.2　连接 Facebook

Facebook 是最大的社交网络之一，它的设置很完善，可以帮助希望推广其产品的人。其工作
方式包括提供自动登录、可定制化的广告以及使用户与他人分享喜欢的产品的能力。

为了将 Facebook 的功能融入 Android 应用程序，我们需要 Facebook Android 版的 SDK。
为了充分利用这一点，我们还需要一个 Facebook 应用程序 ID，这需要在 Facebook 上创建一个简
单的应用程序（见图 12-2）。

图　12-2

12.2.1　添加 Facebook SDK

在应用程序中添加 Facebook 功能的第一步是下载 Facebook SDK。这可以在 Facebook for
Developers 网站找到。

SDK 是一套功能强大的工具，包括 Android 开发者非常熟悉的视图、类和接口。可以将
Facebook SDK 看作原生 SDK 的一个有用的扩展。

在 Facebook 开发者页面上可以找到一个便捷的快速入门指南，但在这种情况下，通常手动

执行此过程更具指导意义，如以下步骤所示。

(1) 启动一个新的 Android Studio 项目，最低 API 级别为 15 或更高。

(2) 打开模块化的 build.gradle 文件，并修改此处的内容：

```
repositories {
    mavenCentral()
}

dependencies {

    . . .

    compile
        'com.android.support:appcompat-v7:24.2.1'
    compile
        'com.facebook.android:facebook-android-sdk:(4,5)'
    testCompile 'junit:junit:4.12'
}
```

(3) 向 manifest 文件添加以下权限：

```
<uses-permission
    android:name="android.permission.INTERNET" />
```

(4) 然后将以下库导入主活动或应用程序类：

```
import com.facebook.FacebookSdk;
import com.facebook.appevents.AppEventsLogger;
```

(5) 最后，从启动活动的 onCreate() 方法初始化 SDK，如下所示：

```
FacebookSdk.sdkInitialize(getApplicationContext());
AppEventsLogger.activateApp(this);
```

这不是我们要进行的所有操作，但在进一步操作之前，需要一个 Facebook 应用程序 ID。我们只能通过在 Facebook 上创建一个应用程序来获取该 ID。

12.2.2　获取 Facebook 应用程序 ID

正如你将看到的，Facebook 应用程序可能非常复杂，它们的功能仅受限于其创建者的想象力和编码能力。它们可以且通常只是一个简单的页面。当重点在 Android 应用程序时，我们只需要最简单的 Facebook 应用程序。

现在，使用 Facebook 快速启动流程（见图 12-3），这可以在 Facebook 网站找到。

12

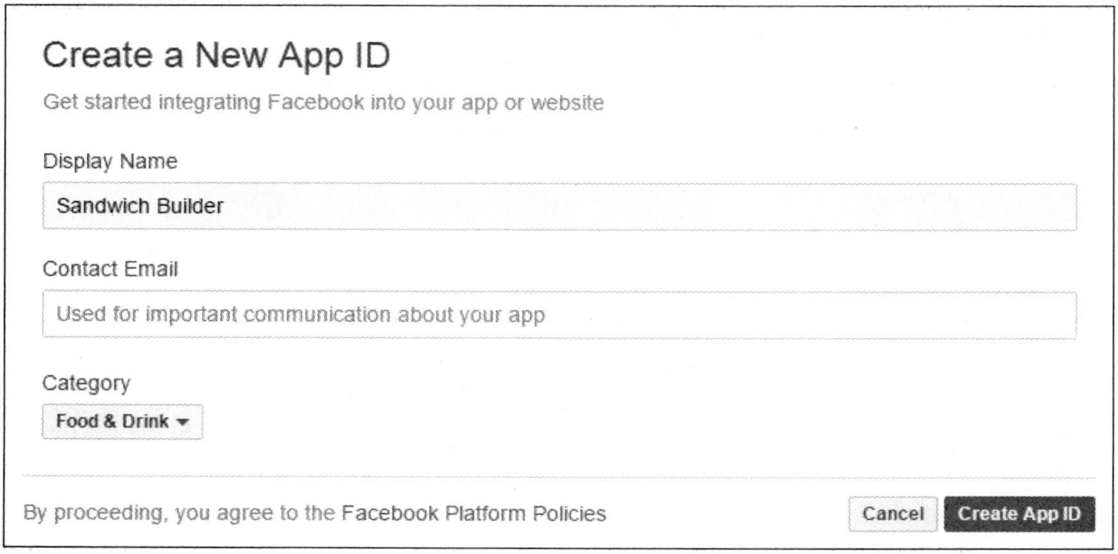

Create a New App ID

Get started integrating Facebook into your app or website

Display Name

Sandwich Builder

Contact Email

Used for important communication about your app

Category

Food & Drink ▾

By proceeding, you agree to the Facebook Platform Policies

Cancel　　**Create App ID**

图　12-3

单击 Create App ID（创建应用程序 ID）后，我们将跳转到开发者面板。应用程序 ID 位于窗口左上角。以下两个步骤演示了如何完成我们之前已开始的过程。

(1) 打开 res/values/strings.xml 文件并添加以下值：

```
<string
    name="facebook_app_id">APP ID HERE</string>
```

(2) 现在将以下元数据添加到 manifest 的应用程序标签：

```
<meta-data
    android:name="com.facebook.sdk.ApplicationId"
    android:value="@string/facebook_app_id" />
```

这样就完成了将 Android 应用程序连接到其对应的 Facebook 的过程，但我们需要通过向 Facebook 应用程序提供有关移动应用程序的信息来完善这种连接。

为此，需要返回 Facebook 开发者面板，从你的个人资料（右上角）下拉列表中选择 Developer Settings（开发者设置），然后选择 Sample App（示例应用程序）选项卡。这将要求你输入包名、启动活动和**散列键值**。

如果你正在开发一个应用程序，并打算为所有项目发布、使用相同的散列键值，则应该知道或已掌握散列键值。否则，以下代码可以帮助你掌握它：

```
PackageInfo packageInfo;

packageInfo = getPackageManager()
        .getPackageInfo("your.package.name",
        PackageManager.GET_SIGNATURES);

for (Signature signature : packageInfo.signatures) {

    MessageDigest digest;
    digest = MessageDigest.getInstance("SHA");
    digest.update(signature.toByteArray());
    String key = new
            String(Base64.encode(digest.digest(), 0));

    System.out.println("HASH KEY", key);
}
```

如果直接输入此代码，Studio 将通过快速修复工具为你提供要导入哪些库的选择。正确的选择如下所示：

```
import android.content.pm.PackageInfo;
import android.content.pm.PackageManager;
import android.content.pm.Signature;
import android.util.Base64;

import com.facebook.FacebookSdk;
import com.facebook.appevents.AppEventsLogger;

import java.security.MessageDigest;
```

这些内容超乎想象，但我们的应用程序现在已连接到 Facebook，我们可以利用所有推广机会。其中最重要的一项是 Facebook 赞按钮。

12.2.3 添加 LikeView

如你所想，Facebook SDK 配备了传统的**赞按钮**。这是作为视图提供的，可以像其他视图一样添加（效果见图 12-4）：

```
<com.facebook.share.widget.LikeView
        android:id="@+id/like_view"
        android:layout_width="wrap_content"
        android:layout_height="wrap_content"/>
```

12

图　12-4

与其他视图和小部件一样，我们可以在 Java 活动中修改这个视图。我们可以用该视图和其他 Facebook 视图做很多事情，Facebook 会将这些内容完整地记录下来。例如，LikeView 文档可以在 Facebook for Developers 网站找到。

现在，我们可以考虑一下用户赞什么。这可以通过 setObjectId() 方法实现，该方法接受一个字符串参数，该参数可以是应用程序 ID 或 URL，如下所示：

```
LikeView likeView = (LikeView) findViewById(R.id.like_view);
likeView.setObjectId("Facebook ID or URL");
```

应用程序内的赞视图和 Web 上赞视图的有一些不同。不同于 Web 的赞视图，Android 的赞视图不会告诉用户还有多少人也点了赞，且在未安装 Facebook 的设备上，我们的赞视图根本无法使用。Android LikeView 的这些局限性可以通过使用 WebView 包含赞视图轻松解决，后者将像在 Web 上一样工作。

LikeView 让我们和用户可以了解到某一项的受欢迎程度，但为了真正利用这个社交平台的力量，我们希望用户通过现代版的口碑推广我们，即与朋友**分享**我们的产品。

12.3 内容建造者

拥有大量的赞是增加流量的一种好方法，具有巨大下载量的被赞应用程序有规模效益。应用程序不一定非得很大才能成功，尤其是当它们提供个人服务或本地服务时，例如配送定制三明治。在这种情况下，1 个只有 12 个人赞某事物的标签并不够推荐。但是，如果这些人与朋友分享他们的三明治是多么棒，那么我们就有了一个非常强大的广告工具。

使 Facebook 成为如此成功的平台的主要原因之一是它认识到，相对于无名的陌生人，人类对朋友更感兴趣，也更容易受朋友的影响。对于中小型企业来说，这可能是无价之宝。最简单的是，我们可以简单地添加一个分享按钮，就像我们添加赞按钮一样，这将打开分享对话框。ShareButton 和 LikeView 一样易于添加，如下所示：

```
<com.facebook.share.widget.ShareButton
    android:id="@+id/share_button"
    android:layout_width="wrap_content"
    android:layout_height="wrap_content"/>
```

我们还需要在 manifest 中设置内容提供者。应该将以下代码插入根节点：

```
<provider
    android:authorities="com.facebook.app.FacebookContentProvider {
        在此填入你的 App ID
    }"
        android:name="com.facebook.FacebookContentProvider"
        android:exported="true"/>
```

与赞视图不同，我们在分享的内容类型上可以有更多的选择，且可以在分享链接、图像、视频甚至多媒体之间选择。

Facebook SDK 为每种内容类型提供了一个类，并提供了一个用于将多个项组合到单个可分享对象的建造者。

分享照片或图像时，SharePhotoContent 类使用 Bitmap 对象，这是一种比我们目前使用的 drawable 更复杂的且可打包的图像格式。创建位图的方法有很多，包括从代码动态创建位图，将任何 drawable 转换为位图也相对简单，如以下代码片段所示：

```
Context context;
Bitmap bitmap;
bitmap = BitmapFactory.decodeResource(context.getResources(),
        R.drawable.some_drawable);
```

然后，可以通过以下两个简单步骤将其定义为可分享内容：

```
//定义要使用的图片
SharePhoto photo = new SharePhoto.Builder()
        .setBitmap(bitmap)
        .build();
```

```
//将一张或多张图片添加到可分享内容
SharePhotoContent content = new SharePhotoContent.Builder()
        .addPhoto(photo)
        .build();
```

ShareVideo 和 ShareVideoContent 类工作方式几乎相同，使用文件的 URI 作为其源。如果你以前从未使用过视频文件和 URI，请参阅以下步骤，它简短地介绍了包含它们的最简单的方法。

(1) 如果你还没有这样做过，请直接在 res 目录中创建一个名为 raw 的文件夹。

(2) 将视频放在此文件夹中。

(3) 确保文件名不包含空格或大写字母，并且是可接受的格式，如 mp4、wmv 或 3gp。

(4) 然后，可以使用以下代码提取视频的 URI：

```
VideoView videoView = (VideoView)context
        .findViewById(R.id.videoView)
String uri = "android.resource://"
        + getPackageName()
        + "/"
        + R.raw.your_video_file;
```

(5) 这个 URI 现在可以用来定义我们分享的视频内容，如下所示：

```
ShareVideo = new ShareVideo.Builder()
        .setLocalUrl(url)
        .build();

ShareVideoContent content = new ShareVideoContent.Builder()
        .setVideo(video)
        .build();
```

这些技术对于分享单个项，甚至是同一类型的多个项都非常方便。但当然，有时我们希望混合内容，这可以通过更通用的 Facebook SDK ShareContent 类来实现。下面的代码演示了如何执行此操作：

```
//定义图片内容
SharePhoto photo = new SharePhoto.Builder()
    .setBitmap(bitmap)
    .build();

//定义视频内容
ShareVideo video = new ShareVideo.Builder()
    .setLocalUrl(uri)
    .build();

//组合并构建混合内容
ShareContent content = new ShareMediaContent.Builder()
    .addMedium(photo)
    .addMedium(video)
    .build();
```

```
ShareDialog dialog = new ShareDialog(...);
dialog.show(content, Mode.AUTOMATIC);
```

这些简单的类提供了一种灵活的方式，允许用户与朋友分享内容。还有一个发送按钮，允许用户与个人或团体私下分享内容，这个功能虽然对用户有用，但几乎没有商业用途。

在测试分享内容时，Facebook 分享调试器提供了一个有价值的工具，可在 Facebook for Developers 网站找到。

这是特别有用的（见图 12-5），因为没有其他的简单方法可以看到他人如何实际查看我们的分享内容。

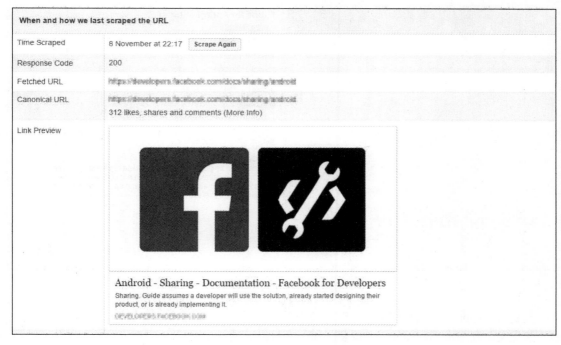

图　12-5

Facebook 不仅是最受欢迎的社交网络之一，而且还拥有一个经过深思熟虑的 SDK，它可能是对开发者最友好的社交网络。当然，这并不是忽视其他社交网络的理由，其他社交网络中最主要的是 Twitter。

12.4　整合 Twitter

Twitter 提供了与 Facebook 截然不同的社交平台，人们使用它的方式也大不相同。但是，它是我们武器库中的另一个强大工具，与 Facebook 一样，它提供了无与伦比的推广机会。

Twitter 使用了一个强大的框架集成工具 Fabric，该工具允许开发者将 Twitter 功能集成到我们的应用程序中。Fabric 可以作为插件直接下载到 Android Studio 中。在下载插件之前，必须向 Fabric 注册。这是免费的，可以在 Fabric 网站上找到。

注册后，打开 Android Studio，然后从 **Settings > Plugins**（设置>插件）中选择 **Browse Repositories...**（浏览资源库...），见图 12-6。

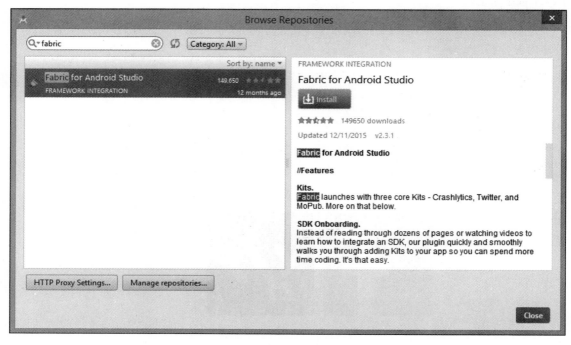

图　12-6

安装后，Fabric 具有演练教程系统，无须进一步的说明。但是，如果你的应用程序只需要发布一条推文，则根本不需要使用此框架，因为这可以通过 vanilla SDK 实现。

发送推文

Fabric 是一个复杂的工具，由于其内置的讲授，它的学习曲线很快，但仍需要时间来掌握，并且它提供了许多应用程序不需要的功能。如果只想让应用程序发布一条推文，那么无须使用 Fabric 即可完成此操作，如下所示：

```
String tweet
    = "https://twitter.com/intent/tweet?text
    + "=将文本放在此处 &url="
    + "https://www.google.com";
```

```
Uri uri = Uri.parse(tweet);
startActivity(new Intent(Intent.ACTION_VIEW, uri));
```

虽然对 Twitter 所做的只是发送推文，但这仍是一个非常有用的社交功能。如果我们选择利用 Fabric，则可以构建高度依赖 Twitter 的应用程序，发布实时流并执行复杂的流量分析。与使用 Facebook 一样，考虑使用 Web 视图可以实现什么也一直是一个好主意，将部分 Web 应用程序构建到我们的移动应用程序中通常是最简单的解决方案。

12.5　小结

将社交媒体整合到我们的移动应用程序中是一种强大的工具，对应用程序的成功起到至关重要的作用。在本章，我们了解了 Facebook 和 Twitter 如何提供软件工具来促进此过程。当然，其他社交媒体（如 Instagram 和 WhatsApp）也提供了类似的开发工具。

社交媒体是一个日新月异的世界，新的平台和开发工具层出不穷，没有理由相信 Twitter 甚至 Facebook 有朝一日不会走上 MySpace 的老路。这也是在可能的情况下考虑使用 WebView 的另一个原因：在我们的主应用程序中创建简单的 Web 应用程序可以具有更高的灵活性。

我们几乎走到了旅程的终点，在下一章，我们将研究开发、发布的最后阶段。不过这也是我们必须考虑的潜在盈利点，尤其是广告和应用程序内购买。

12

第 13 章

分发模式

在介绍了 Android 开发的大部分重要方面后，我们只剩下部署和发布的过程。在 Google Play 商店上发布应用程序并不是一个复杂的过程，但我们可以运用一些技巧来最大限度地发挥应用程序的潜在影响力。当然，从我们的应用程序中赚钱的方式也越来越多。

在本章，我们将研究如何在支持库提供的支持之外增加向后兼容性，随后继续了解注册和分发过程是如何工作的，之后探索使应用程序付费的各种方法。

在本章，你将学会以下内容：

❏ 准备分发应用程序；
❏ 生成数字证书；
❏ 注册成为 Google 开发者；
❏ 准备推广材料；
❏ 在 Google Play 商店发布应用程序；
❏ 整合应用程序内计费；
❏ 接入广告。

13.1 扩展平台范围

本书一直在使用的支持库使应用程序在较旧的设备上可用性方面非常出色，但是它们并不适用于所有情况，且许多新的创新根本无法在某些较旧的设备上实现。看图 13-1 的设备图表，显然我们希望将应用程序扩展到 API 级别 16。

Version	Codename	API	Distribution
2.2	Froyo	8	0.1%
2.3.3 - 2.3.7	Gingerbread	10	1.3%
4.0.3 - 4.0.4	Ice Cream Sandwich	15	1.3%
4.1.x	Jelly Bean	16	4.9%
4.2.x		17	6.8%
4.3		18	2.0%
4.4	KitKat	19	25.2%
5.0	Lollipop	21	11.3%
5.1		22	22.8%
6.0	Marshmallow	23	24.0%
7.0	Nougat	24	0.3%

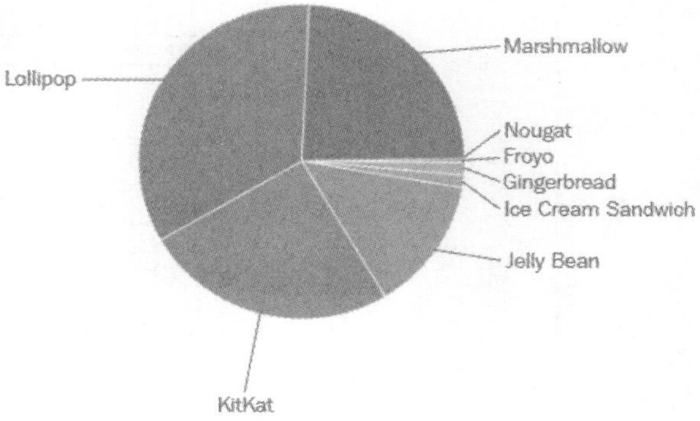

图 13-1

我们已学习了 AppCompat 库如何使应用程序在比此版本更旧的平台上运行，但必须避免使用某些特性。例如 view.setElevation() 方法（以及其他 Material 特性）在 API 级别 21 以下将不起作用，如果调用这些方法，就会导致机器崩溃。

我们很可能会认为，可以牺牲这些特性来吸引更多的用户。但幸运的是，并不需要这么做，因为可以通过以下条件子句动态检测应用程序在哪个平台上运行：

```
if (Build.VERSION.SDK_INT >= Build.VERSION_CODES.LOLLIPOP) {
    someView.setElevation(someValue);
}
```

是否这样做取决于开发者，牺牲少量的质量来接受更多的潜在用户通常是值得的。

前面的示例很简单，但是添加这种动态的向后兼容通常需要大量额外的编码。一个很好的例子是 camera2 API，它比它以前的 API 复杂得多，但仅在承载 API 21 及更高版本的设备上可用。在这种情况下，我们可以应用完全相同的原理，但需要建立一个更复杂的系统。子句可能会导致调用不同的方法，甚至启动不同的活动。

我们当然可以使用设计模式来实现这一点。这里可以使用几种方法，但最合适的方法可能是图 13-2 所示的策略模式。

13

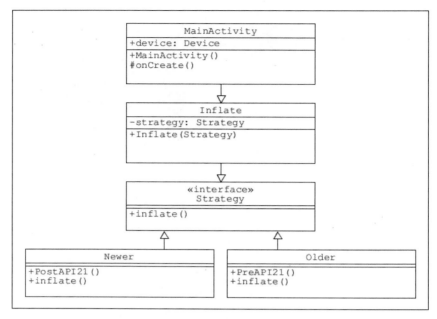

图　13-2

这种方法通常需要大量的额外编码，但不断扩大的潜在市场往往使这种额外的工作非常值得。像这样设置应用程序的范围后，就可以发布了。

13.2　发布应用程序

毋庸置疑，我们将在各种手机和模拟器上对应用程序进行详尽的测试，可能准备好了推广材料，并查看了 Google Play 政策和协议。在发布之前，有很多事情要考虑，例如内容分级和国家（地区）分布。从编程的角度来看，在继续进行之前，我们只需要检查三件事。

❑ 删除项目中的所有日志记录，例如：

```
private static final String DEBUG_TAG = "tag";
Log.d(DEBUG_TAG, "some info");
```

❑ 确保在 manifest 中声明了应用程序的 label 和 icon。下面是一个示例：

```
android:icon="@mipmap/my_app_icon"
android:label="@string/my_app_name"
```

❑ 请确保已在 manifest 中声明了所有必需的权限。下面是一个示例：

```
<uses-permission android:name="android.permission.INTERNET" />
<uses-permission android:name="android.permission.ACCESS_NETWORK_STATE" />
```

现在，距离在 Google Play 商店中看到我们的应用程序仅三步之遥。我们需要做的就是生成一个签名的 Release 版的 APK，注册成为 Google Play 开发者，最后将应用程序上传到商店或在我们自己的网站上发布。还有其他几种发布应用程序的方式，我们将在本节末尾看到它们是如何实现的。不过，首先我们将生成一个可上传到 Google Play 商店的 APK。

13.2.1　生成签名的 APK

所有发布的 Android 应用程序都需要数字签名的证书，这用于证明应用程序的可靠性。不同于许多其他数字证书，它没有权限，你自己持有签名密钥，显然必须对密钥进行安全保护。为此，我们需要生成一个私钥，然后使用它来生成签名的 APK。GitHub 上有一些非常方便的工具可以帮助我们简化这一过程，但在这里，为了帮助理解，我们将遵循传统的方法。这些都可以在 Android Studio 中使用"生成签名的 APK 向导"来完成。按以下步骤即可完成。

(1) 打开要发布的应用程序。

(2) 从 Build | Generate Signed APK...（构建|生成签名的 APK...）菜单开启生成签名的 APK 向导。

(3) 在首屏选择 Create new...（新建...）。

(4) 在下一屏，提供密钥存储的路径、名称以及强密码。

(5) 对别名执行同样的操作。

(6) 选择一个大于 27 年的有效期，如图 13-3 所示。

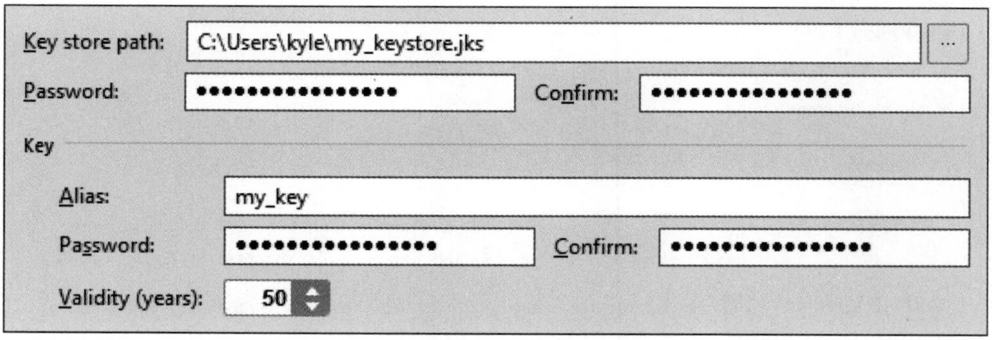

图　13-3

(7) 请至少填写一个证书字段。单击 OK（确定），将返回向导。

(8) 选择 release 作为构建变量并单击 Finish（完成）。

(9) 现在，你拥有一个签名的 APK 可供发布。

密钥存储（a.jks 文件）可用于存储任意数量的密钥（别名）。完全可以对所有应用程序使用相同的密钥，并且在生成应用程序更新时必须使用相同的密钥。Google 要求证书的有效期至少要到 2033 年 10 月 22 日，超过该日期即可。

重要提示

至少保存一个密钥的安全备份。如果你失去了它们，就将无法开发这些应用程序的未来版本。

一旦有了数字签名，我们就可以注册成为 Google 的开发者了。

13.2.2　注册成为开发者

与 APK 签名一样，注册成为开发者也很简单。请注意，Google 一次性收取 25 美元费用，以及应用程序产生收入的 30%。以下说明假设你已拥有一个 Google 账户。

(1) 在以下 URL 上回顾**支持的位置**：

```
support.google.com/googleplay/android-
developer/table/3541286?hl=en&rd=1
```

(2) 跳转到开发者 Play 控制台：

```
play.google.com/apps/publish/
```

(3) 使用 Google 账户登录并输入图 13-4 中的信息。

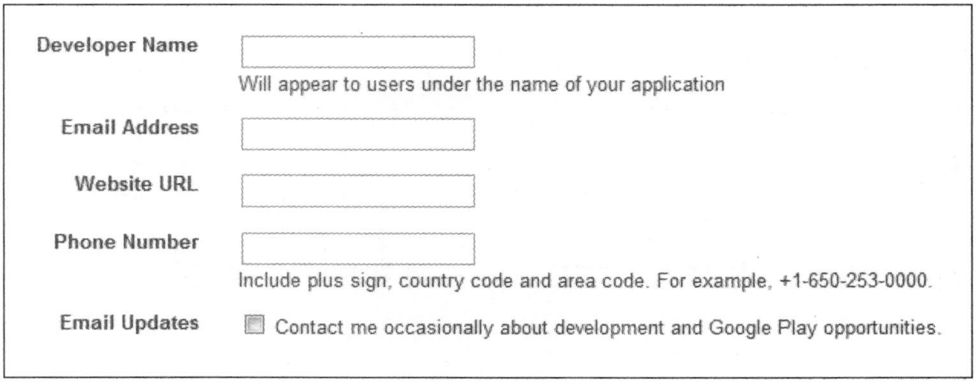

Developer Name	Will appear to users under the name of your application
Email Address	
Website URL	
Phone Number	Include plus sign, country code and area code. For example, +1-650-253-0000.
Email Updates	☐ Contact me occasionally about development and Google Play opportunities.

图　13-4

(4) 阅读并接受 "Google Play Developer Distribution Agreement"。

(5) 使用 Google Checkout 支付 25 美元，并在必要时创建一个账户。就这样，你现在是注册的 Google 开发者。

如果你想让应用程序在全球范围内可用，那么经常检查 "支持的位置" 页面非常值得，因为它会定期更改。剩下要做的就是上传我们的应用程序，接下来就要完成这件事。

13.2.3 在 Google Play 商店发布应用程序

将应用程序上传和发布到 Play 商店是通过**开发者控制台**完成的。正如你将要看到的，在此过程中，可以为应用程序提供很多信息和推广材料。如果你已按照本章前面的步骤进行操作，且有一个已签名的.apk 文件，按照以下说明进行发布即可。或者，你可能只想了解此时涉及的内容、推广材料的形式。在这种情况下，请确保你有以下四个图像和一个签名的 APK，然后在最后选择 Save Draft（保存草稿）而不是 Publish app（发布应用程序）。

(1) 至少两张应用程序的屏幕截图。每边不得小于 320 像素或大于 3840 像素。

(2) 如果你希望用户在 Play 商店搜索专为平板计算机设计的应用程序时可以看到你的应用程序，则应该至少准备一张 7 英寸和一张 10 英寸的屏幕截图。

(3) 512 像素×512 像素的高分辨率图标图像。

(4) 1024 像素×500 像素的功能图。

准备好这些图像和一个签名的.apk，你就可以开始了。决定应用程序的收费价格（如果有的话），然后按照以下说明操作。

(1) 打开开发者控制台。

(2) 提供 Title（标题），然后单击 Upload APK（上传 APK）按钮。

(3) 单击 Upload your first APK to Production（将你的第一个 APK 上传到作品）。

(4) 找到你的签名 app-release.apk 文件。它位于 AndroidStudioProjects\YourApp\app 下。

(5) 将其拖放到推荐的位置。

(6) 完成后，你将被带到应用程序页面。

(7) 逐步完成前 4 个部分（见图 13-5）。

图　13-5

(8) 完成所有必需字段，直到 Publish app（发布应用程序）按钮变为可点击状态。

(9) 如果你需要帮助，按钮上方的 Why can't I publish?（为什么我不能发布？）链接将列出未完成的必选字段。

(10) 完成所有必需字段后，单击页面顶部的 Publish app（发布应用程序）或 Save draft（保存草稿）按钮。

13

(11) 恭喜！你现在是已发布的 Android 开发者。

现在，我们知道了如何在 Play 商店发布应用程序。当然，还有许多其他应用程序市场，并且它们有自己的上传步骤。但是，Google Play 受众众多，是发布的显而易见的选择。

虽然 Play 商店是理想的市场，但仍然值得研究两种替代的发布方法。

13.2.4   通过电子邮件和网站发行

这两种方法中的第一种听起来很简单。如果你将 APK 附加到电子邮件，并在 Android 设备上打开，附件打开后，系统将邀请用户安装应用程序。在较新的设备上，用户可以直接点击电子邮件中的安装按钮。

对于这两种方法，用户必须在其设备的安全设置中允许安装未知来源的应用程序。

从网站上发行应用程序几乎就像通过电子邮件一样简单。你需要做的就是将 APK 文件托管在网站上的某个位置，并提供以下所示的下载链接：

```
<a href="download_button.jpg" download="your_apk">
```

在 Android 设备上浏览网站时，点击链接会将你的应用程序安装在设备上。

通过电子邮件发行并不能防止盗版，使用时请务必注意这一点。其他的方法是尽可能安全的，但如果你想采取额外的措施，Google 提供了一个许可服务，可以查看 Android Developers 网站文档 "App Licensing"。

无论发布付费应用程序还是免费应用程序，我们都希望能够吸引尽可能多的用户。Google 提供了多种工具来帮助我们实现这一目标，并提供了让我们通过应用程序盈利的方法，下面将介绍。

13.3   应用程序推广和盈利

很少有应用程序前期不经过推广就能成功。有无数推广的方法，毫无疑问，在如何推广产品方面你将遥遥领先。为了帮助你扩大受众范围，Google 提供了一些方便的工具来帮助你进行推广。

在查看了推广工具之后，我们将探索两种通过应用程序盈利的方法：应用程序内付费和广告。

13.3.1   应用程序推广

Google 提供了两种非常简单的方法来帮助引导人们在 Play 商店中使用我们的产品：来自网站和应用程序的链接，以及为我们的链接提供官方品牌的 **Google Play 徽章**。

可以将链接添加到各个应用程序和我们的发布者页面。在发布者页面可以浏览我们所有的应用程序，并且可以将这些链接放在我们的应用程序和网站中。

☐ 要在 Play 商店中包含指向特定应用程序页面的链接，请使用 Manifest 中的完整软件包名称，格式如下所示：

```
http://play.google.com/store/apps/details?id=com.full.package.name
```

☐ 要将其包含在 Android 应用程序中，请使用：

```
market://details?id=com.full.package.name
```

☐ 如果要将链接放到发布者页面和所有产品的列表中，请使用：

```
http://play.google.com/store/search?q=pub:my publisher name
```

☐ 从应用程序链接时，请进行与之前相同的更改：

```
market://search?q=pub:my publisher name
```

☐ 要链接到特定的搜索结果，请使用以下命令：

```
market://search?q=my search query&c=apps
```

☐ 要将官方的 Google 徽章用作链接，请将前面的元素替换为此处的 HTML：

```
<a href="https://play.google.com/store/search?q=pub: publisher name">
<img alt="Get it on Google Play"

src="https://developer.android.com/images/brand/en_generic_rgb_wo_60.png"/>
</a>
```

徽章有两种尺寸——60.png 和 45.png；两种样式——Android app on Google Play 和 Get it on Google Play。只需更改相关代码，即可选择最适合你的徽章（见图 13-6）。

图　13-6

13

在发布了应用程序以及妥善安放好指向 Play 商店页面的链接之后，现在应该考虑除了通过下载该如何盈利。因此，我们将探讨如何通过 Android 应用程序盈利。

13.3.2　应用程序盈利

从应用程序中赚钱的方式有很多种，但最流行和最有效的两种方式是**应用程序内计费**和**广告**。应用程序内计费可能会变得非常复杂，也许值得花费一整章来讲述。在这里，我们将了解如何构建一个有效的模板，可以将其作为开发应用程序内的产品的基础。它将包括所需的所有库和包，以及一些非常有用的辅助类。

相比之下，在应用程序中添加 Google AdMob 广告对我们来说是一个非常熟悉的过程。广告实际上只是另一个视图，可以像其他 Android 小部件一样被识别和引用。本章的最后一个练习，实际上也是本书的最后一个练习，将构建一个简单可用的 AdMob 演示。不过，让我们先来看应用程序内计费。

13.3.3　应用程序内计费

用户可以从应用程序内购买大量产品，从升级和解锁到游戏中的物件和货币，当然也可以为我们之前在本书中开发的"三明治制作应用程序"添加付款选项。

无论用户购买的是什么，Google Checkout 流程都可以确保他们以与购买其他 Play 商店产品相同的方式付款。从开发者的角度来看，每次购买都将归结为对按钮单击的响应。我们需要安装 Google Play Billing 库，并向项目中添加 AIDL 文件和一些辅助类，如下所示。

(1) 启动一个新的 Android 项目或打开一个你想添加应用程序内计费的项目。

(2) 打开 SDK Manager。

(3) 在 Extras 下，确保安装了 Google Play Billing 库。

(4) 打开 manifest 并应用此权限：

```
<uses-permission
    android:name="com.android.vending.BILLING" />
```

(5) 在项目面板中，右键单击 app（应用程序）并选择 New | Folder | AIDL Folder（新建|文件夹|AIDL 文件夹）。

(6) 在 AIDL 文件夹，点击 New | Package（新建|包），并将其命名为 `com.android.vending.billing`。

(7) 找到并复制 sdk\extras\google\play_billing 目录下的 IinAppBillingService.aidl 文件。

(8) 将文件粘贴到 `com.android.vending.billing` 包下。

(9) 在 Java 文件夹下，点击 New | Package（新建|包），将其命名为 `com.your.package.name`。

util，并点击 Finish（完成）。

(10) 在 play_billing 目录，找到并打开 TrivialDrive\src\com\example\android\trivialdrivesample\util 文件夹。

(11) 将这 9 个 Java 文件复制到刚刚创建的 util 包中。

现在有了一个可用的模板，它可用于任何你想要包含应用程序内购买的应用程序。或者，你可以在已开发了应用程序内的产品的项目上完成前面的步骤。无论哪种方式，无疑都可以利用 IabHelper class，它极大地简化了编码，为购买过程的每个步骤都提供了监听器。可以参考 Android Developers 网站的文档 "Google Play Billing AIDL Reference"。

在开始实施应用程序内购买之前，需要确保应用程序有**许可密钥**。可以在开发者控制台中的应用程序详细信息中找到。

付费应用程序和应用程序内的产品只是从应用程序中盈利的两种方式，许多人选择另一种（通常是有利可图的）途径，通过广告盈利。Google AdMob 灵活性强，并有我们熟悉的编程接口，我们将在下面看到。

13.3.4　接入广告

我们可以通过多种方式从广告中获利，但 AdMob 提供了一种最简单的方法。该项服务不仅使我们能够选择想要广告的产品类型，而且还提供了出色的分析工具以及无缝付款到我们的 Checkout 账户。

最重要的是，**AdView** 可以用一种几乎与我们习惯和熟悉的方法完全相同的方式进行编程处理，我们将在最后一个练习中看到，其中我们将开发一个带有演示 banner AdMob 广告的简单应用程序。

在开始此练习之前，需要在 Google Admob 网站上注册一个 AdMob 账户。

(1) 打开要测试广告的项目或启动新的 Android 项目。

(2) 确保已经通过 SDK Manager 安装了 Google 存储库。

(3) 在 build.gradle 文件中添加此依赖项：

```
compile 'com.google.android.gms:play-services:7.0.+'
```

(4) 重建项目。

(5) 在 manifest 中，设置以下两个权限：

```
<uses-permission
    android:name="android.permission.INTERNET" />
<uses-permission android:name="android.permission.ACCESS_NETWORK_STATE" />
```

13

(6) 在应用程序节点中，添加 `meta-data` 标签：

```
<meta-data
    android:name="com.google.android.gms.version"
    android:value="@integer/google_play_services_version" />
```

(7) 在 manifest 中，添加第二个活动：

```
<activity
    android:name="com.google.android.gms.ads.AdActivity"
    android:configChanges=
"keyboard|keyboardHidden|orientation|screenLayout|uiMode|screenSize|smalles
tScreenSize"
    android:theme="@android:style/Theme.Translucent" />
```

(8) 在 res/values/strings.xml 文件中添加以下字符串：

```
<string name="ad_id">ca-app-pub-3940256099942544/6300978111</string>
```

(9) 打开 main_activity.xml 布局文件。

(10) 将第二个命名空间添加到根布局：

```
xmlns:ads="http://schemas.android.com/apk/res-auto"
```

(11) 在 `TextView` 下面添加 `AdView`：

```
<com.google.android.gms.ads.AdView
    android:id="@+id/ad_view"
    android:layout_width="match_parent"
    android:layout_height="wrap_content"
    android:layout_alignParentBottom="true"
    android:layout_centerHorizontal="true"
    ads:adSize="BANNER"
    ads:adUnitId="@string/ad_id"></com.google.android.gms.ads.AdView>
```

(12) 在 `MainActivity` 的 `onCreate()` 方法中添加以下代码：

```
AdView adView = (AdView) findViewById(R.id.ad_view);
AdRequest adRequest = new AdRequest.Builder()
        .addTestDevice(AdRequest.DEVICE_ID_EMULATOR)
        .build();

adView.loadAd(adRequest);
```

(13) 现在，在设备上测试应用程序（见图 13-7）。

图 13-7

我们在这里所做的一切，或多或少类似于对其他元素进行编程的方式，只有几处例外。严格来说，ACCESS_NETWORK_STATE 权限并不是必要的，在此是用于请求广告之前检查连接。

任何显示广告的活动都需要一个单独的 ID，并在 manifest 中声明。此处提供的 ID 仅用于测试，因为不允许将实时 ID 用于测试。android.gms.ads 包中只有 6 个类，关于它们可以参见 Android Developers 网站的文档"API reference"。

AdMob 广告有两种风格，一种是我们在这里看到的 banner 形式，另一种是插屏广告或全屏广告。这里我们只处理 banner 广告，插屏广告的处理方式与此非常相似。了解了如何实现付费应用程序、应用程序内计费和 AdMob，我们现在可以收获辛勤工作的回报，并充分利用我们的应用程序了。

13.4　小结

本章概述了应用程序开发的最后阶段，虽然这些阶段仅占工作量的一小部分，但它们本质上很重要，对于应用程序的成功关系重大。

13

在本书中，我们非常依赖支持库来增加应用程序可以支持运行的设备数量，但在本章，我们了解了如何通过动态确定平台并相应地运行合适的代码来进一步扩展该范围。这个过程提供了一个很好的示例，说明了设计模式如何遍及编程的各个方面。

一旦使用了这些工具来扩展覆盖范围，我们就可以通过明智的推广进一步提高应用程序成功的可能性，并希望可以通过直接向用户收取应用程序或其功能的费用，或间接托管广告使我们的工作得到回报。

在本书中，我们已研究了设计模式如何在开发的许多方面为我们提供帮助，但它是一种使模式变得有用的思维方式，而不是任何模式本身。设计模式提供了解决问题的方法和清晰的解决途径。这是一种旨在指导我们找到新的创造性解决方案的方法，设计模式不应被看作一成不变的，而应将其视为指导。任何模式都可以修改和改变，以更好地适应其目的。

本书的模式和示例不是为了被剪切并粘贴到其他项目中而设计的，而是作为一种方法论，帮助你找到适合自己原始情况的最优雅的解决方案。如果这本书已经完成了它的使命，那么你继续设计的模式将不是这里概述的模式，而是你自己全新的原创产物。

技术改变世界 · 阅读塑造人生

第一行代码——Android（第 3 版）

◆ 基于Android 10全面升级
◆ 涵盖Kotlin、Jetpack、MVVM等全新内容
◆ 带你使用Kotlin语言写好每一行Android代码

书号： 978-7-115-52483-6
定价： 99.00 元

Android 应用安全测试与防护

◆ 涵盖Android应用5大类55项安全测试的要求与方法
◆ 安全测试+安全加固，全方位精准提升App安全

书号： 978-7-115-53531-3
定价： 79.00 元

Kotlin 编程权威指南

◆ Amazon五星好评，一本书掌握Kotlin入门与进阶
◆ 助你赢得Google、Facebook、微软等巨头公司青睐的培训讲义

书号： 978-7-115-51563-6
定价： 99.00 元

发布！设计与部署稳定的分布式系统（第 2 版）

◆ Jolt生产效率奖获奖作品全新升级
◆ 行业思想家的真知灼见，助你在发布软件后高枕无忧

书号： 978-7-115-52986-2
定价： 89.00 元

技术改变世界 · 阅读塑造人生

高效能人士的思维方式

◆ 将神经科学研究成果转化为简单易懂的实用技巧，让工作效率和生活效率翻倍
◆ 完胜一切时间管理类图书

书号：978-7-115-49672-0
定价：59.00 元

用户思维＋：好产品让用户为自己尖叫

◆ 颠覆以往所有产品设计观
◆ 好产品 = 让用户拥有成长型思维模式和持续学习能力
◆ 极客邦科技总裁池建强、公众号二爷鉴书出品人邱岳作序推荐
◆ 《结网》作者王坚、《谷歌和亚马逊如何做产品》译者刘亦舟、前端工程师梁杰、优设网主编程远联合推荐

书号：978-7-115-45742-4
定价：69.00 元

单核工作法图解：事多到事少，拖延变高效

◆ 畅销书《番茄工作法图解》姊妹篇
◆ 大忙人、拖延症患者的又一时间管理利器，简单、灵活、高效，让你成为时间的主人
◆ 吴晓波、战隼、高地清风、采铜、叶骐联合力荐
◆ 随书赠送精美海报、书签

书号：978-7-115-44860-6
定价：39.00 元

机遇之门：以色列闪存盘之父的创业心路

◆ 以色列创业教父畅谈成功背后的苦与乐
◆ 新东方教育集团创始人俞敏洪、中金公司前董事长李剑阁、伟高达风险投资创始人陈诚锦联合推荐

书号：978-7-115-52134-7
定价：59.00 元

站在巨人的肩上

Standing on the Shoulders of Giants

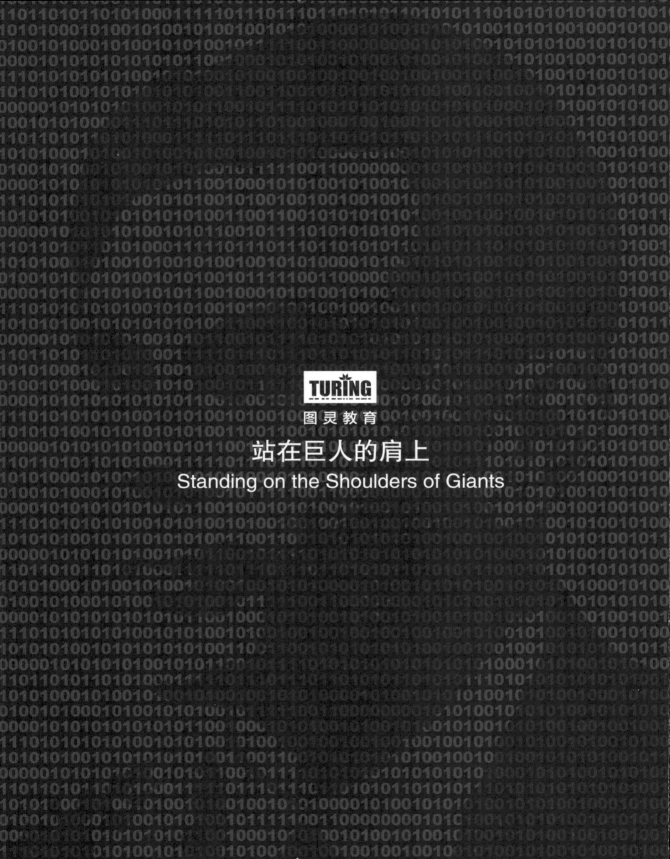

TURING
图灵教育

站在巨人的肩上
Standing on the Shoulders of Giants